EINLADUNG:
Teste jetzt den Listbuilding Club
2 Wochen lang kostenlos!

Vom KENNEN zum MÖGEN zum VERTRAUEN

♥ Erfahre, wie du ein magnetisches Freebie erstellst, das täglich neue Interessent:innen in deine Liste bringt.

♥ Schreibe deinen neuen Kontakten eMails, die sie von deiner Expertise überzeugen und sie restlos begeistern.

♥ Mache deine neuen Fans nun zu begeisterten Käufer:innen deiner Produkte, die dich außerdem auch gerne weiterempfehlen.

Das alles und noch viel mehr findest du im neuen Abo, dem Listbuilding Club!

Starte jetzt dein professionelles Online Kurs Business und teste den Listbuilding Club 2 Wochen lang komplett kostenlos.

Scanne den QR-Code und melde dich heute noch an! Alternativ hier auch der Link: **https://www.meikehohenwarter.com/lbc-aktion**

Illustrationen von Peggy Norbisrath

1. Auflage 2021
Copyright © 2021 Meike Hohenwarter
www.meikehohenwarter.com

Alle Grafiken: Peggy Norbisrath
Foto Meike: Denise Kuchta
Screenshots: eigene
Druckabwicklung: One World Distribution, Remscheid
ISBN: 978-3-9505092-0-5

für dich!

Dieses Buch ist dir gewidmet!

Denn du bist Teil meiner Liste ...äh... Community! Ich wünsche dir, dass auch du deinen Tribe startest und damit genau so viele Menschen inspirieren darfst, wie du es dir von Herzen wünschst!

Deine Bonus-Ressourcen online

Hole dir jetzt alle Expertinnen-Interviews auf Video, alle Links zum Klicken, meine Tool-Tipps, meine Buch-Tipps und noch so viel mehr!

Einfach QR Code scannen und kostenlos bestellen - oder hier den Link klicken: https://www.meikehohenwarter.com/bonus-listbuilding-buch-bestellung

Inhaltsverzeichnis

Gendern, Rechtschreiben und sonstiger Kram

In der Schule hat man mich „die Emanze" genannt. Das war nicht unbedingt schmeichelhaft gemeint. Auch noch 30 Jahre nach Schulaustritt (ja, wirklich schon so lange, ehrlich gesagt sogar noch etwas länger) liegt mir die Sache der Frau sehr am Herzen. Dazu gehört heutzutage das Gendern. Es schafft Bewusstsein, beschert aber dem Schreibfluss so manchen Schluckauf. Daher habe ich in diesem Text zu einem guten Teil auf eine Methode zurückgegriffen, die ich aus dem angelsächsischen Raum kenne: das Geschlecht wird abwechselnd angewandt. Mal spreche ich über Männer, mal über Frauen – und immer dann, wenn ich dezidiert beide Geschlechter meine, muss auch ich auf einen Doppelpunkt („:innen") zurückgreifen und diesen so geschmeidig wie möglich in die Lesbarkeit einschmiegen.

Wie gesagt, ich bin schon mehr als drei Jahrzehnte aus der Schule draußen – und daher erlaube ich mir auch, die gültigen Rechtschreibregeln leicht zu beugen. Das betrifft vor allem die zusammengesetzten Hauptwörter. Gerade im Online Business gebiert man hier oft Monster, die an den Donaudampfschifffahrtskapitän und dessen -witwe erinnern. Zur leichteren Lesbarkeit erlaube ich mir hier, auf den angelsächsischen Brauch mit der Verwendung von Zwischenabständen oder Bindestrichen zwischen Hauptwörtern zurückzugreifen – auch wenn das nicht ganz den deutschsprachigen Regeln entspricht. Ich hoffe, das lässt dich leichter über die Seiten gleiten, wenn ich von „Online Kurs Launching Strategien" oder „Online Business Erfolgs Methoden" spreche (anstatt: „Onlinekurslaunchingstrategien" oder „Onlinebusinesserfolgsmethoden"), wenn du verstehst, was ich meine...

Zum Schluss noch ein weiterer Spleen von mir: Die Wörter „eBook" und „eMail" gefallen mir so am besten!

Den Expertinnen im Bonus-Teil des Buches habe ich übrigens ihre eigenen Vorlieben für Gendern & Co so gelassen, wie sie es mir eingesandt haben, denn es lebe die Individualität!

Ich empfehle, du empfiehlst, wir empfehlen

Ich werde immer wieder um Empfehlungen gebeten. „Meike, welche Software verwendest du?" ist eine häufige Frage. Auch hier im Buch teile ich einige Links. Manche davon sind sogenannte Affiliate-Links, das bedeutet, ich bekomme eine kleine Vermittlungs-Provision für meine Empfehlung. Für dich bleibt der Preis selbstverständlich gleich.

 Übrigens biete ich selbst auch ein Provisions-Programm für die Empfehlung meiner Online Kurse an. Nähere Informationen findest du auf meiner Partner-Seite.

„Kopflose Henderln" – ein Vorwort

Seit Corona ist es besonders schlimm:

Unternehmer:innen aus allen verschiedenen Branchen wollen panikartig online gehen. FOMO ist angesagt. FOMO steht für „Fear Of Missing Out" – die Angst, etwas Wichtiges zu versäumen.

Doch da kaum jemand weiß, was „online gehen" tatsächlich bedeutet und was zu tun ist, verfallen viele Selbständige in blanken Aktionismus. „Hauptsache irgendetwas tun!" ist die Devise. Und so werden tonnenweise Social Media Posts verfasst, Geld in Suchmaschinen-Optimierung und Online Ads investiert, Webinare abgehalten und so einiges mehr.

Wie kopflose Hendln (so nennen wir in Österreich die Hühner) versuchen Unternehmer:innen, auf den Online Zug aufzuspringen und ein Stück des Kuchens abzubekommen. Zurück bleiben sie meist mit hängender Zunge und dem Gefühl, dass dieses Online Marketing nichts für sie ist.

Es hat schon etwas Komisches, dieses irrwitzige Treiben, nur leider hängen Existenzen daran und daher ist es überhaupt nicht lustig, wie sich Coaches und Trainer:innen abmühen, auf einen grünen Zweig zu kommen.

Gewürzt wird alles noch durch die vielen Gurus, die dir versprechen, dich über Nacht reich zu machen, wenn du nur ihr teures Programm kaufst und diesem akribisch folgst.

Wenn es dann doch nicht klappt (was in 99,9 Prozent der Fälle so ist), bist du auf jeden Fall selbst schuld. Denn sie sind ja erfolgreich – und sei es nur, weil sie Leuten wie dir ihr teures Programm verkauft haben…

Natürlich kann ich nun leicht sagen: „Selbst schuld, wenn du so jemandem auf den Leim gehst. Es ist doch logisch, dass es nicht so einfach sein kann, sonst hätte ja jeder ein erfolgreiches Online Business". Doch da lehne ich mich nicht zu weit aus dem Fenster, denn auch ich bin in meinen Online Anfängen manchem Schmeichler und

Blender aufgesessen und habe mehr als einmal Geld ausgegeben, das ich nicht hatte. Einmal habe ich es mir sogar von meinem Sohn geborgt. Das schmerzt bis heute.

Diese Verzweiflungs-Taten von Unternehmer:innen führen aber nicht nur zu unnötigen Ausgaben, für die man sich noch lange in den Hintern beißt, sondern verbrennen auch sehr viel Zeit und Enthusiasmus und lassen gute Expert:innen enttäuscht zurück.

Ich bin froh, dass meine Anfänge schon fast eine Dekade zurückliegen. Damals gab es auch schon jede Menge Haie im Online Meer, aber sicher nicht so viele wie heute.

Auch ich habe viele Runden als kopfloses Henderl gedreht, bis ich mich rausgesehen habe und verstanden habe, auf was es im Online Business tatsächlich ankommt. Heute ist es mein erklärtes Ziel, es Coaches und Trainer:innen leichter zu machen, online Fuß zu fassen und diese unnötigen Sackgassen, die jede Menge Geld, Zeit und Energie kosten, zu umschiffen.

Ich nenne mich Digitale Strategin, weil die richtige Strategie etwas ist, was in fast allen Online Erfolgs Programmen viel zu kurz kommt. Immer geht es nur um kurze Taktiken und darum, etwas zu erlangen, was an und für sich so nichts wert ist (wie zum Beispiel viele Likes).

Im Gegensatz dazu finde ich es unerlässlich, als erstes das ganz große Bild vor Augen zu haben, bevor man Handlungen setzt und Geld ausgibt. Zu diesem Thema gibt es von mir jede Menge Material – von eBooks über Online Kurse, Webinare und Bücher.

Hier soll es nun um das Listbuilding gehen. Deine Liste ist so ziemlich der wichtigste Besitz in deinem Online Business und daher ist es unerlässlich, dass du ihr viel Liebe und Energie schenkst. Denn deine Liste ist kein Ding, sondern die Basis deiner Community. Es sind die Menschen, die du begleitest.

Spaß macht das nur, wenn du die richtigen Leute an Bord hast. Damit das auch geschieht, braucht es eben Strategie und nicht blinden Aktionismus. Aus diesem Grund findest du hier keine Anleitung à la: „Machst du das, dann das…", sondern vielmehr möchte ich dir vor allem auch das große Bild zeigen, damit du Zusammenhänge verstehst und daher auch weißt, warum du etwas tun oder lassen solltest.

Ganz allgemein wirst du feststellen, dass ich dir nicht das sage, was alle sagen, sondern mir in all den Jahren meine eigene Meinung gebildet habe. Ich bin zum Beispiel überhaupt keine „Social Media Tante". Diverse Online Plattformen spielen in meinem äußerst erfolgreichen Online Business eine sehr geringe Rolle. Ich verwende sie als reine Postausgangsboxen. Weil ich mit Social Media nicht viel anfangen kann und es als Zeitfresser empfinde (später mehr dazu). Wenn du es liebst, alle Stunden deinen Status bekanntzugeben, dann kannst du das natürlich so halten – lass dir nur nicht einreden, dass du das wirklich brauchst, um online erfolgreich zu sein.

Vor vielen Jahren war ich ein solches kopfloses Henderl und habe brav und fleißig auf Social Media gepostet, weil mir das so geraten wurde. Spaß hat es mir keinen gemacht, aber ich wurde immer wieder überredet, dass man das so tut.

Viele Coaches und Trainer:innen sind äußerst erleichtert, wenn ich ihnen sage, dass Listbuilding auch anders funktioniert. Wohlgemerkt, ich behaupte nicht, dass du auf Social Media verzichten sollst. Ich stelle nur fest, dass es andere Strategien gibt, als sich die Seele aus dem Leib zu posten, wenn einem das nicht liegt.

Das ist nur ein Beispiel von vielen, wo ich anders denke als der Mainstream so vorgibt - und das auch lehre. Und der Erfolg in meinem eigenen Online Business gibt mir recht:

Ich habe jährlich mehrfach sechsstellige Umsätze und - das schönste daran - kaum Kosten, die diesen gegenüberstehen. Zu Beginn meines Online Business war ich eine alleinerziehende Mutter mit einem Haufen Schulden und der Sorge, dass ich diese nie abbezahlen werde können. Heute bin ich frei und unabhängig.

Fast unglaublich, aber wahr: Obwohl ich immer weniger Stunden arbeite, kann ich stetig mehr Menschen helfen.

Eine essenzielle Basis zu diesem Erfolg liegt in meiner tollen Community, also jene Menschen, die begeistert von dem sind, was ich lehre und die immer wieder Kunden bei mir werden. Landläufig sagt man auch „die Liste" dazu.

Doch die Liste sind Menschen. Deine Menschen. Wie du sie findest und von dir begeisterst, das besprechen wir hier in diesem Buch.

Ich wünsche dir aus tiefstem Herzen, dass auch deine Online Träume in Erfüllung gehen und dass du ganz vielen Menschen mit deinen tollen

Tools und Methoden helfen kannst. Auf diese Art machen wir alle gemeinsam die Welt zu einem besseren Ort!

Meike Hohenwarter
Wien, September 2021

So geht's jedenfalls nicht!

Drei Mal Listbuilding, wie man's nicht macht

Eine große Liste ist wichtig, das weiß man einfach, wenn man sich ein Online Business aufbauen will!

Rita, Andreas und Susanne sind solche Newcomer, alle drei im Bereich Coaching und Training. Sie haben sich – jeder für sich – eine DSGVO-konforme Newsletter-Software zugelegt und nun gilt es, hier möglichst rasch viele Eintragungen zu erlangen. Lass sie uns ein Stück begleiten und sehen, wie sie dieses Problem für sich lösen. Die Ähnlichkeit mit existierenden Personen (oder gar dir selbst) sind natürlich rein zufällig.

Rita und die Social Media Queen

Rita ist Psychotherapeutin und eine sehr fleißige Person. Akribisch hat sie das Netz durchforstet, um herauszufinden, wie man sich schnell eine Liste aufbaut. Dabei ist sie auf die Social Media Queen Larissa O. gestoßen, die eine riesige Community hat.

In ihren zahlreichen Videos erklärt Larissa, dass man auf Social Media omnipräsent sein muss, um viele potenzielle Interessent:innen zu gewinnen und bietet hierzu einen Online Kurs an, wo man lernen kann, so wie Larissa O. viele tausende Fans zu haben.

Beherzt kauft Rita Larissas O.'s Kurs und startet auch gleich los: Sie legt Profile auf diversen Social Media Plattformen an und postet von da ab – wie in Larissas O.'s teurem Kurs empfohlen – was das Zeug hält:

- Fotos von ihrem Essen
- Fotos von ihren Kindern
- Fotos von ihrer Katze
- Fotos von ihren Freunden
- Schlaue Sprüche vom Dalai Lama, Nelson Mandela und Mutter Teresa
- Cover von Büchern (die sie selbst leider noch gar nicht gelesen hat)
- Wichtige Lebens-Fragen, wie zum Beispiel, ob man lieber Tee oder Kaffee trinkt oder mehr auf Hunde oder Katzen steht
- Und noch viel mehr dergleichen

Rita verbringt täglich mehrere Stunden damit, Bilder auf Canva zu erstellen und diese in diversen Facebook Gruppen und auf ihren Profilen zu teilen.

Jedes Mal, wenn sie ein Like bekommt, hüpft ihr Herz vor Freude. Hier und da erntet sie sogar einen Kommentar und einmal wurde einer ihrer Post sogar geteilt – gut das war ihre Freundin Gaby, aber immerhin...

Doch auch nach Monaten des Postens haben sich noch keine zehn Leute in ihren Newsletter-Verteiler eingetragen. Gekauft hat überhaupt noch niemand etwas. Selbst das kostenlose Erstgespräch, das sie auf ihrer Webpage anbietet, wurde nur ein einziges Mal gebucht. Erschienen ist die Interessentin aber leider nicht zum vereinbarten Termin.

Rita ist mit ihrem Latein am Ende.

Im nächsten Q&A Webinar des teuren Online Kurses fragt sie Larissa O., was sie denn tun soll. Diese hat eine klare Antwort: „Du postest zu wenig!" Ihr Tipp: Rita soll die Anzahl ihrer Beiträge verdoppeln, dann wird es schon bald klappen mit den Fans! Außerdem soll sie in diversen Social Media Gruppen als Expertin auftreten indem sie allen, die Fragen haben, gute Antworten gibt und sich überhaupt ganz allgemein an ganz vielen Menschen interessiert zeigt und die Kommunikation online sucht.

Rita ist eine brave Schülerin und verbringt ab sofort noch mehr Zeit auf Social Media. Wo immer jemand ein Problem schildert, Rita hat die Lösung und gibt sie bereitwillig und kostenlos her. Das danken ihr auch einige. Andere nehmen den Rat und melden sich schlicht nicht mehr. Wieder andere werden sogar frech und suchen Streit.

Doch nach wie vor kauft keiner bei Rita.

Nach Monaten wirft Rita frustriert das Handtuch. Das mit dem Online Business ist wohl nichts für sie.

Andreas schaltet Facebook Ads

Andreas ist Verkaufstrainer. Er weiß, er will keine Fotos von sich und seinen Lieben auf Social Media posten. Er ist cool und nimmt lieber Geld in die Hand um Facebook Ads zu schalten.

Mit einem Wochenbudget von 20 Euro bewirbt er nun seine Homepage. Einen Monat, zwei Monate, drei Monate – doch nichts passiert. Also erhöht er das Budget auf 50 Euro und schließlich sogar auf 100 Euro in der Woche. Doch auch das bringt ihn keinen Schritt weiter.

Er kauft sich einen Facebook Ads Kurs, in dem er lernt, dass er Splittests machen muss und mehrere Ads gegeneinander testen soll. Immer gefinkelter werden seine Anzeigen, doch es ändert nichts daran, dass keiner bei ihm kauft. Es tut ihm weh, dass er nun schon mehr als 1000 Euro für nichts und wieder nichts einfach verbrannt hat und schließlich gibt er frustriert auf.

Susanne sammelt Visitenkarten

Susanne ist Atem Therapeutin und sie nimmt gerne Abkürzungen. Dieses ganze DSGVO-Zeugs mit Double-Opt-In ist ihr zu mühsam. Sie will sich schnell eine große Liste aufbauen. Daher nimmt sie einfach alle Kontakte aus ihrem gmx-Konto und pflegt diese in ihre Newsletter-Software ein: Ihre Steuerberaterin, ihren Zahnarzt, den Mann, der ihre Waschmaschine repariert hat, Onkel Erich und auch die Dame, bei der sie den Acryl Malkurs gebucht hatte. Das ist zwar viel Arbeit, aber schon ist sie bei fast 200 Adressen! So einfach ist Listbuilding!

Nun durchforstet sie das Internet nach noch mehr Möglichkeiten und schreibt sich Kontakt-Adressen ab - von Webseiten-Besitzerinnen, von denen sie annimmt, diese könnten an ihrem Angebot interessiert sein.

Und bei den Frühstücksnetzwerken und sonstigen Business-Treffen, die sie besucht, hat sie nun auch eine gute Masche: Sie geht gezielt auf Teilnehmer:innen zu und sagt, wie überaus interessant sie deren Pitch gefunden hat und ob sie denn eine Visitenkarte haben könne. Zuhause kommt sie dann jedes Mal mit einem schönen Stoß von neuen Kontakten an, die sie dann schnurstracks in ihre Software einpflegt.

In wenigen Monaten hat sie über 1000 Kontakte in ihrem Verteiler. Nur Newsletter traut sie sich keinen zu schreiben, aus Angst, dass sich dann viele austragen.

Das ist kein Listbuilding!

Wie du dir denken kannst, sind diese Beispiele natürlich nicht das, wozu ich dir rate. Und doch habe ich selbst all diese Strategien (und noch viel mehr) zu Beginn meines Business zumindest teilweise selbst angewandt oder bei meinen Kund:innen erlebt und gesehen. All diese Ansätze entstanden aus einer mittleren bis großen Verzweiflung - und weil ich beziehungsweise meine Kund:innen zu diesem Zeitpunkt einfach nicht wussten, wie es geht.

Heute habe ich eine große Liste und vor allem eine supertolle Community. Und ich weiß das willst du auch.

Daher lass uns nun erörtern, wie es richtig geht!

Und nur als kleiner Disclaimer vorweg: Es ist natürlich nicht grundfalsch, auf Social Media zu posten, Facebook Ads zu schalten oder sich auf diversen Business Netzwerk Veranstaltungen zu zeigen. Aber wie immer kommt es auf die richtige Strategie an. Daher werden wir auch später im Buch zu Rita, Andreas und Susanne zurückkehren und näher erörtern, wie sie mit ihrem Aktionismus mehr Erfolg gehabt hätten.

LISTEN-AUFBAU – WOZU?

Kundensuche Offline

Zu meinen Offline Zeiten war ich eigentlich ständig auf der Suche nach neuen Kunden. Ich trieb mich viel auf Frühstücks- und sonstigen Netzwerken herum und hielt sehr oft Mini-Vorträge, Tage der Offenen Tür und Schnupperstunden ab.

Damals betrieb ich noch mein Lerncoaching Institut. In langen Gesprächen erklärte ich Neugierigen und mehr oder weniger Interessierten, was der Unterschied zwischen Nachhilfe und Lerncoaching ist und beleuchtete die Vorzüge meines ganzheitlichen Ansatzes.

Viele waren durchaus interessiert, doch wenn es dann darum ging, Nägel mit Köpfen zu machen, erntete ich doch vorwiegend ein „Nein". „Nein, jetzt nicht", „Nein überhaupt nicht", „Nein, zu teuer"…

Obwohl ich wusste, dass meine MagicLearning Methode unschlagbar war, machten mir diese vielen Absagen doch zu schaffen. Sie ließen mich mich selbst immer wieder in Frage stellen und sie schürten natürlich auch meine finanziellen Sorgen: „Was konnte ich tun, um mehr Menschen davon zu überzeugen, dass mein Lerncoaching-Ansatz eine super Sache ist?" Noch mehr kostenlos Vorträge? Ich war schon jetzt erschöpft von all meinen Gratis-Angeboten!

Auch wenn ich mich in dieser ständigen Suche nach neuen Interessent:innen sehr einsam fühlte, war ich doch bei Weitem nicht alleine! Mir schien, dass fast alle Coaches und Trainer:innen ständig dem nächsten Abschluss hinterherjagten.

Zum Leben zu wenig, zum Sterben zu viel – das Schicksal vieler toller Berater!

In meiner Not buchte ich immer wieder diverse „Marketing-Consultants". Wohlgemerkt um Geld, das ich nicht hatte und mir daher von Freunden und Verwandten borgen musste. Diese Berater drängten mich dann auch noch in weitere Investitionen: Gutscheinhefte, Inserate, Leuchtboards, Schaufenster... was ich nicht alles schon probiert habe! Doch am Ende war immer nur das Geld weg und keine neuen Kunden in Sicht. Es war zum Verzweifeln. Oft fragte ich mich, wie lange ich das noch finanziell durchhalte, oder ob ich mir lieber einen Angestellten-Job suchen sollte (was eine echte Horror-Vorstellung für mich war).

Und dann kam Online Marketing in mein Leben. Das hat alles verändert!

Der Game Changer

Die große Wende kam für mich im Jahr 2012. Da fragte mich eine Bekannte, ob ich mit ihr nach Zürich zur „Laptop Millionaire World Tour" fahre. Das Wort „Millionaire" war damals gänzlich außerhalb meiner Vorstellungskraft und meine bisherigen Online Versuche – eine Webseite und eine Facebook Seite – hatten mir nicht das Gefühl gegeben, mich in die richtige Richtung zu bewegen.

Ich kann bis heute nicht sagen, was mich dazu veranlasst hat, doch mitzukommen. Schicksal? Es hat mein Leben jedenfalls für immer verändert.

Im dreitägigen Workshop saß ich täglich von neun Uhr morgens bis neun Uhr abends aufrecht in meinem Sessel und schrieb ein ganzes Notizenheft voll. Endlich verstand ich, wie das mit dem Online Marketing wirklich geht! Es ging nicht darum ein bisschen auf Social Media „herumzuposten", sondern darum, sich zu klonen. Viele Miniaturen deiner selbst zu erzeugen, die deine Botschaft verkünden.

Kaum zurückgekommen, machte ich mich ans Werk und hielt meine ersten Webinare ab. Nur wenige Wochen später startete ich meine erste Online Plattform – „Die Online Lerncoaching Akademie".

Damals war vieles noch ganz anders als heute. Die meiste heute gängige Software gab es noch nicht. Doch das war mir alles egal, ich biss mich durch, denn ich hatte nun ein klares Ziel vor Augen.

Und tatsächlich konnte ich schon bald spürbar aufatmen, denn die ersten finanziellen Erfolge wurden sichtbar und ich konnte beginnen, meine Schulden zurückzuzahlen.

Völlig überraschend war es für mich, als dann schon bald Coaches und Trainer bei mir anfragten, ob sie „das mit den Webinaren und Online Kursen" denn bei mir lernen könnten. Eins folgte auf das andere und so helfe ich nun schon seit 2013 Unternehmer:innen dabei, ihre tollen Wissens-Dienstleistungen online zu bringen.

Kundensuche Online

Zeit ist unser wertvollstes Gut. Wir wissen alle nicht, wie viel wir davon haben. Im Kapitel „Kundensuche Offline" habe ich dir erzählt, wie ich ganz viele meiner wertvollen Lebens-Stunden damit verbracht habe, Leuten zu erzählen, wer ich bin, was mein Ansatz ist, meine Werte und warum sie bei mir buchen sollten.

Heute weiß ich: Dass die meisten meiner Zuhörerinnen relativ wenig interessiert waren, lag weder an ihnen noch an meiner schlechten Argumentation, sondern an der fehlenden Vor-Auswahl: Ich habe einfach jeden zum Thema Lernen angesprochen (um nicht zu sagen zugetextet), egal ob sie es brauchten, egal ob sie überhaupt Kinder hatten, egal, ob sie mich tatsächlich ernsthaft danach gefragt hatten. Das war anstrengend – für mich und für die anderen.

Heute mache ich das gar nicht mehr. Mein Online Business ermöglicht es mir, dass ich schlicht keine Gespräche mehr mit nicht interessierten Menschen führen muss. Meine Zeit – wie gesagt mein wertvollstes Gut – wird heute viel sinnvoller genutzt!

Heute spreche ich nur noch mit jenen Menschen, die mir immer wieder zeigen, dass sie von ganzem Herzen committet sind, ihre selbst gesetzten Ziele auch tatsächlich zu erreichen und die mir auch schon gutes Geld bezahlt haben. Das macht Freude! Hier ist meine Zeit am richtigen Ort!

Jene, die sich noch informieren und noch nicht entschieden sind, laufen durch meine Online Funnels und bekommen nach und nach die nötige Information für eine Entscheidungsfindung - durch meine Videos, Blog-Artikel und Auto-Webinare, aber nicht von mir persönlich.

Wie das geht, möchtest du wissen?

Lass uns den möglichen Weg eines Interessenten – man spricht hier auch von der Customer's Journey (Reise des Kunden) – anschauen:

Die Customer Journey aus Kundensicht am Beispiel Melanie:

Melanie G. scrollt durch ihren Newsfeed auf Facebook, wie sie das mehrfach am Tag so tut – nämlich immer dann, wenn ihr langweilig ist.

Plötzlich entdeckt sie einen Post, der sie persönlich sehr anspricht. Es geht um eines ihrer aktuellen Probleme: Sie kommt in letzter Zeit an keiner Tafel Schokolade vorbei, ohne diese aufzuessen. Das Ergebnis sind schon 15 Kilogramm mehr auf der Waage. Ihr passt keine einzige Hose mehr!

Ja, wir Menschen schleppen leider immer einen Haufen Probleme mit uns herum. Mancher davon sind wir uns bewusst, andere schwelen noch in den Tiefen unseres Unterbewusstseins. Auch Melanie kämpft natürlich nicht nur damit, dass sie Angst hat, noch mehr zuzunehmen, sondern auch mit den schlechter werdenden Noten ihrer Tochter, den Sorgen um ihre kranke Mutter – und das Geld ist auch viel zu knapp bei ihr.

Tatsache ist, dass wir Menschen schon seit der Steinzeit einen Modus in uns tragen, der uns stets unterschwellig nach Lösung für unsere Probleme suchen lässt. Das können Fragen nach besseren Beziehungen zu unseren Partnern, Kinder und Kollegen sein. Oder wir suchen Möglichkeiten, unsere Gesundheit zu verbessern und den Körper stärker zu machen. Mehr Geld zu verdienen ist auch ein häufiges Ziel. Und das vierte große Problem-Lösungs-Thema ist die Sinnsuche, also die Frage, warum wir hier sind und wie wir uns entfalten können.

Melanie ist also in guter Gesellschaft, wenn ihr Gehirn bei dem Beitrag zum Thema Zucker-Sucht besiegen plötzlich aus dem Tiefschlaf erwacht.

Die Coaches und Trainerinnen dieser Welt bieten viele Deckel zu den diversen Problem-Töpfen an. Und wenn diese Berater das gut artikulieren, dann passiert es, so wie in diesem Beispiel mit Melanie G., dass sie sich plötzlich von einem Facebook Post über das Besiegen von Gelüsten magisch angesprochen fühlt. Hier, in diesem Beitrag spricht ihr jemand ganz aus dem Herzen und weiß genau, was sie denkt, fühlt und tut.

Das Format des Posts ist hierbei nebensächlich, das kann ein Bild sein oder auch ein Video – ein kurzer oder langer Text. Wichtig ist, dass es Melanie mitten in die Brust trifft, weil es genau von ihren momentanen Problemen und Herausforderungen spricht.

So (oder so ähnlich) geht's weiter: Im Post ist ein Link auf den sie selbstverständlich klickt. Sie wird auf eine Webseite geleitet, die ihr eine Serie mit drei heißen Video-Tipps zur Bewältigung ihres Schokoladen-Problems verspricht. Sie meldet sich mit ihrer eMail-Adresse an und erhält umgehend das erste Video. Die beiden weiteren folgen in den nächsten Tagen.

Tatsächlich helfen ihr diese drei Videos schon ein ganzes Stück, die Ursache ihres Problems zu erkennen und vor allem auch zu erfahren, dass es eine Lösung gibt. Daher ist es klar für Melanie, dass sie beim angebotenen Online Kurs zur Fortsetzung des Gelernten zuschlägt. Dort lernt sie endlich, ihr Problem von der Basis her zu verstehen. Endlich kann sie daran arbeiten, es zu aufzulösen!

Als einen Monat später ein Angebot für eine begleitete Online Premium Coaching Gruppe in ihrem Post-Eingang ankommt, ist es für Melanie klar, dass sie da mit dabei sein will, schon alleine, weil sie dort auch die Trainerin – Renate – in den regelmäßig stattfindenden Gruppen-Coachings persönlich zu ihren Gelüsten, Rückschlägen und Sorgen befragen kann!

So weit Melanies Customer Journey. Wie sieht die Sache für Renate, die Trainerin, aus?

Die Customer Journey aus Anbietersicht am Beispiel Renate:

Nun, Renate nutzt die ihr zur Verfügung stehende Lebenszeit und ihre Arbeitszeit als Coach optimal:

Erst im Premium Coaching spricht Renate persönlich mit Melanie – und das auch nicht in Einzel-Sitzungen, sondern in einem Gruppen-Setting. Bis zu diesem Punkt hat Melanie schlicht Renates „Funnel" durchlaufen und sich jedes Mal wieder dazu entschieden, dass sie mehr wissen will.

Ein Funnel – oder zu Deutsch Verkaufstrichter – ist die Automatisierung der Kundenreise: All die Posts, eMails und Buttons, die dazu geführt haben, dass Melanie Stufe um Stufe weiter gemacht hat.

Ich persönlich spreche hierbei übrigens lieber von einer Produkt-Treppe. Das ist meines Erachtens erhebender als ein Trichter, durch den alle durchgequetscht werden. Dieser erzeugt in mir Bilder von „The Wall" und dem Fleischwolf – falls du den Musik-Film von Pink Floyd kennst.

Gemeinsam eine Treppe hinaufzuschreiten ist meiner Meinung nach ein erhebenderes Bild. Welche Angebote genau du auf dieser Treppe machst und ob diese aus drei oder fünf Stufen besteht, ist Teil deiner strategischen Planung.

Dass dieser Prozess bei Renate so geschmiert läuft, ist natürlich kein Zufall und auch nicht über Nacht entstanden. Das hat sie selbstverständlich einiges an Arbeit gekostet. Doch nun, da alles steht, ist es so, dass Renate mehrmals in der Woche oder sogar am Tag Benachrichtigungen erhält, dass gerade eben jemand ein Produkt bei ihr gekauft hat. Sie selbst hat zu der Zeit vielleicht geschlafen oder einen Ausflug gemacht.

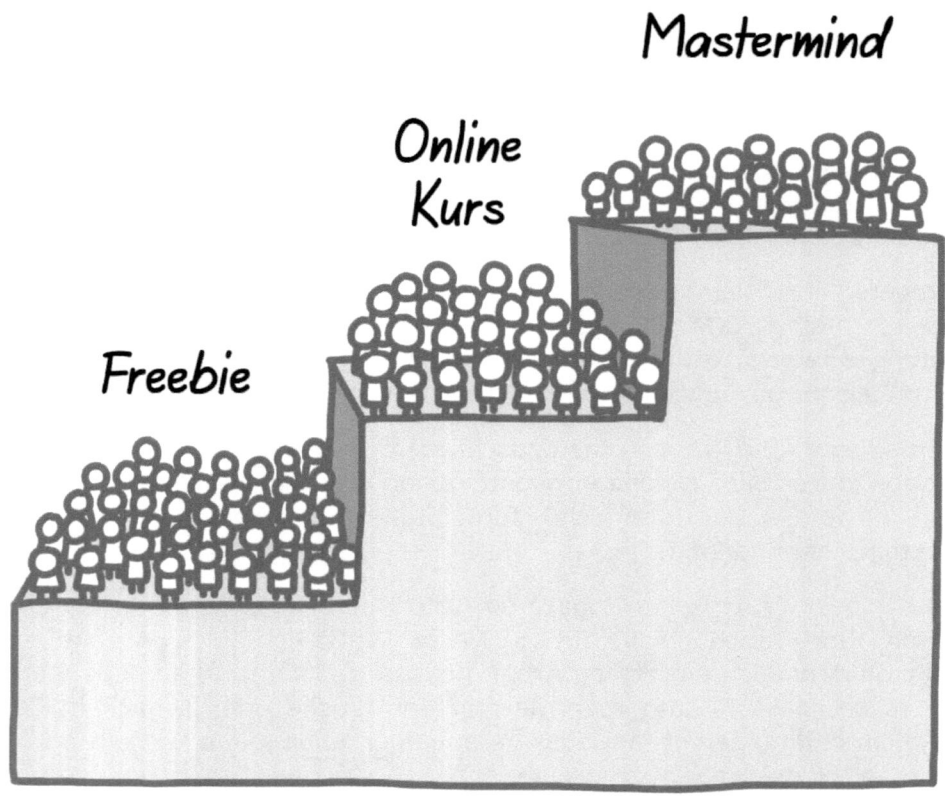

Das ist passives Einkommen: Umsätze unabhängig von dem was du gerade tust.

But wait there's more!

Durch die automatisierten Prozesse hat Renate sich auch ein skalierbares Business aufgebaut: Ein Geschäft, das „unendlich" wachsen kann – im Gegensatz zu den 1:1 Coaching Stunden, die sie früher hatte und von denen sie nur eine bestimmte Anzahl im Monat anbieten konnte.

Denn ob in ihrem Online Kurs 3, 30, 300 oder 3000 Leute sind, Renates Aufwand ist der selbe... zumindest bei reinen Selbstlern-Kursen. Doch auch bei begleiteten Kursen mit Gruppen-Coachings und vielen anderen Extras ist sie äußerst flexibel, was die Zahl ihrer Teilnehmer:innen anbelangt.

Das alles durch Online Kurse und eine klare Strategie für ein automatisiertes Business!

Ist das etwas, was du auch gerne hättest?

Gut, aber jetzt wieder drei Schritte zurück zum Listbuilding:

Deine Zeit ist dein wertvollstes Gut! Wie willst du sie verbringen? Damit, Menschen einzeln – einen nach dem anderen - von dir zu überzeugen und jedem persönlich deine Vorteile zu schildern? Oder überlässt du diesen Part in Zukunft deinen „Klonen" und hast dafür mehr Kapazitäten, um mit jenen Menschen zu arbeiten, die schon zig Mal „Ja!" zu dir gesagt haben und bereit sind, mit dir zusammen Großes zu leisten?

Die Liste – was ist das?

Im Online Marketing sprechen wir von „Listbuilding" oder „Listen-Aufbau". Doch was ist diese Liste denn eigentlich?

Im Prinzip sind das all jene Menschen, die dir erlaubt haben, ihnen – bis auf Widerruf – Benachrichtigungen zu schicken.

Da ist auf der einen Seite die eMail-Liste, die du hoffentlich nicht in deinem Gmx oder Outlook Postfach sammelst (das ist datenschutzrechtlich verboten), sondern auf einer Software wie zum Beispiel Active Campaign, KlickTipp oder GetResponse.

Eine Liste mit all meinen Hard- und Software-Tipps kannst du dir übrigens hier kostenlos bestellen:
https://www.meikehohenwarter.com/hard-software-tipps-anmeldung

Mit eBook ist leicht Klicken! Doch wenn du ein „echtes" Buch in Händen hältst, sind Hyperlinks oft mühsam! Damit du diese nicht händisch eingeben musst, findest du eine Sammlung aller Hyperlinks zum Anklicken (und noch ganz viel mehr) auf der Bonus-Seite: https://www.meikehohenwarter.com/bonus-listbuilding-buch-bestellung

...oder QR Code scannen:

Auch zu deiner Liste zählen natürlich alle Fans auf diversen Social Media Plattformen, wie Facebook, Linkedin oder Instagram, dazu.

Diese Kontakte haben allerdings nicht die gleiche Gewichtung, denn eMail-Kontakte sind viel mehr wert! Je nachdem, wen du fragst, wird deren Wert auf 15-50 Mal so viel wie ein Social Media Kontakt eingeschätzt.

Das eMail-Postfach empfinden die meisten Menschen als etwas viel Privateres als ihren Social Media Newsfeed. Das merkst du schnell im negativen Fall, wenn Menschen sich tierisch über Spams ärgern. So viele Emotionen wird ein doofer Social Media Post kaum je hervorrufen.

Umgekehrt werden eMails auch im positiven Fall viel ernster genommen. Das bedeutet im Klartext, dass du mit einer eMail-Nachricht wesentlich mehr Verkäufe erzielen wirst, als du das bei der gleichen Anzahl Social Media Kontakte erreichen kannst.

Daher mein Tipp an dich als angehende Online Unternehmerin, dass der Schwerpunkt deines Listbuildings auf deinen eMail-Kontakten liegen sollte.

Als weiteres wichtiges Argument kommt hinzu, dass dir diese Kontakte auch „gehören". Denn was nutzt es dir, wenn du zehntausende Fans auf Facebook hast, wenn dir dein Account gesperrt wird? Bei allen Social Media Plattformen befindest du dich auf gemietetem Terrain und bist den unternehmerischen Entscheidungen der Betreiber hilflos ausgeliefert.

Die Liste – wer ist das?

Der Umstand, dass diese Kontakte landläufig etwas respektlos „die Liste" genannt werden, führt dazu, dass daraus verbal ein Ding wird. Daher möchte ich dich hier und jetzt dafür sensibilisieren, dass „die Liste" Menschen sind. Es sind Leute, die ihr Einverständnis gegeben haben, dass du ihnen Nachrichten schickst. Das bedeutet zumindest mal im Ansatz, dass sie sich für dich und dein Angebot interessieren.

Viele werden nie etwas bei dir kaufen, doch wenn du alles richtig machst, dann stecken in deiner Liste auch ein paar echte Juwelen! Menschen, die alles, was du anbietest buchen und die begeistert bei der Sache sind und deine Tipps auch tatsächlich umsetzen und dich zudem gerne weiterempfehlen.

„Das Geld liegt in der Liste!"

Falls du dich schon eine Weile mit Online Marketing beschäftigst, ist dir dieser Spruch sicher schon mal untergekommen. Er wird deswegen so oft zitiert, weil er zu einem Großteil einfach wahr ist.

Deine Liste ist der unmittelbare Multiplikator für deine Verkäufe, denn am Ende des Tages ist dein Online Business nichts anderes als ein Zahlenspiel.

Im Online Marketing spricht man von der Konversions-Rate (Conversion Rate). Die gibt es in mehreren Zusammenhängen und drückt immer aus, wie viele Menschen der jeweiligen Handlungsaufforderung nachkommen.

Bei Kauf-Angeboten liegen die Konversions-Raten meist zwischen 1 und 10%. Das nur ganz grob, da der Prozentsatz von sehr vielen Faktoren abhängt, die ich hier nicht näher erläutern will.

Die Milchmädchen-Rechnung – Teil 1

Mit einer Milchmädchen-Rechnung können wir nun ein ganz einfaches Beispiel formulieren. Stelle dir vor, dein Digitales Produkt – also zum Beispiel dein erster Online Kurs - kostet 500€ und hat eine Konversionsraten von 5%.

Bei einer Liste von 100 Leuten setzt du somit 2.500€ um, bei einer Liste von 1.000 schon 25.000€ und bei einer Liste von 10.000 sind es 250.000€. Hier ein Nuller mehr, dort auch ein Nuller mehr – sehr einfach!

Immer wieder erlebe ich Unternehmer:innen, die sich von einer (noch dazu nicht sehr aktuellen) Liste von 100 Menschen wahre Wunder an Verkaufszahlen erwarten. Das geht einfach nicht!

Listbuilding ist das Alpha und das Omega!

Zur Frage, wann man am besten mit dem Listen-Aufbau beginnt, kann ich nur sagen: So früh wie möglich!

Ich erzähle zu dem Thema schon in meinem Buch „Es ist dein Leben, vergeude es nicht!" (mehr Info findest du hier: https://amzn.to/3gQBBLv) die Geschichte von Ronald. Den gibt es wirklich, auch wenn er anders heißt. Er ist der Freund einer Freundin. Ronald hat mich schon vor vielen Jahren um ein Coaching gebeten: Er möchte gerne Fasten-Wanderungen veranstalten, das ist sein großer Traum. Leider gibt es Lebens-Umstände, die das jetzt noch nicht zulassen. Er hat mich gefragt, was er jetzt schon tun kann.

Ich habe ihm erklärt, dass es das Wichtigste sei, sich eine Liste aufzubauen. Auch wenn er erst in ein paar Jahren loslegen wird, könne er jetzt schon damit beginnen, indem er ein eBook oder ein Video als Freebie gestaltet, um so eMail-Adressen von Interessenten einzusammeln. Wenn er diesen dann ein Mal im Monat einen Newsletter schickt mit interessanten Informationen und Tipps zum Thema Fasten und Wandern, dann wird er für sie ein „Trusted Advisor" – ein vertrauenswürdiger Berater auf dessen Nachrichten sie sich freuen. Sobald er dann tatsächlich loslegt mit seinem Business, kann er sein Angebot an diese Menschen schicken und ist gleich beim ersten Mal gut gebucht.

Obwohl er den Rat gut fand, hat er nichts getan. Bei all unseren weiteren Treffen (ich sehe ihn ungefähr ein Mal im Jahr) hat er immer wieder

Ausreden gehabt, warum er noch nicht mit dem Listen-Aufbau beginnen kann.

Fakt ist, wenn Ronald wirklich eines Tages loslegt, dann wird es ihm schwerfallen, schnell Kunden zu finden und er wird darum kämpfen müssen, seine ersten Veranstaltungen zu füllen. Sehr schade, dass er einen Kalt-Start hinlegen wird bei den vielen Jahren potenzieller Vorlauf-Zeit!

Doch Ronald ist natürlich bei Weitem kein Einzelfall! Viele Online Kurs Ersteller wollen bei mir ein Coaching buchen mit der Ansage: „Ich habe da diesen tollen Kurs kreiert, jetzt brauche ich nur noch schnell Hilfe, wie ich den auch verkauft bekomme." Ganz falsch! So zäumt man das Pferd von hinten auf!

Die richtige Reihenfolge wäre, sich vor einer jeden Produkt-Erstellung gleich zu Anfang Gedanken über den Absatz zu machen – und nicht erst, wenn das Produkt fertig ist.

Natürlich kann man auch jetzt noch etwas tun! Hier gehört ein toller Produkt-Launch her. Der bringt, wenn er gut gemacht ist, auch einen großen Wachstums-Schub in die eMail-Liste. Doch leichter ist es natürlich immer, wenn man aus dem Vollen schöpft!

Daher hier nochmals mein Rat: Man kann nicht früh genug mit dem Listbuilding beginnen. Erst dann damit anzufangen, wenn man schon etwas zu verkaufen hat, ist der spätestmögliche Zeitpunkt und schlägt sich klarerweise in recht überschaubaren Umsätzen nieder.

Starte deinen eigenen Tribe!

Der von mir sehr geschätzte Speaker und Autor Stephen Covey mahnte immer „begin with the end in mind", also starte alles mit Blick auf das gewünschte Ergebnis.

Die meisten Coaches und Trainer wünschen sich ihre eigene Community, oder einen „Tribe" wie ihn der Blogger und Wirtschafts-Querdenker Seth Godin in seinem gleichnamigen Buch nennt.

Ein Tribe ist eigentlich ein Volksstamm. Seth Godin erklärt in seinem Bestseller, dass früher nur politische oder religiöse Führer und vielleicht noch Oligarchen Menschen um sich herum versammeln konnten. Heute – in Zeiten von Social Media – kann das jeder machen. Die Kunst liegt nun darin, nicht nur Kommunikation „von oben nach unten" – wenn es denn so eine hierarchische Richtung überhaupt gibt – stattfinden zu lassen. Sondern vor allem den Austausch unter den Tribe-Mitgliedern zu fördern.

Im Idealfall sind das Menschen, die ähnlich ticken und in die gleiche Richtung unterwegs sind. Alleine daraus ergibt sich jede Menge Stoff für Kommunikation: Man kann sich gegenseitig Fragen stellen, Tipps geben und einander Spiegel sein. Jedes einzelne Mitglied leistet wichtige Beiträge für die anderen und zieht gleichzeitig großen Nutzen aus dem Tribe.

Jeff Walker, der Begründer des modernen Launchings im Online Marketing bringt es schön auf den Punkt, wenn er sagt, „they come for the content, they stay for the community", Menschen kommen also in deine Programme, um etwas zu lernen und bleiben, weil sie dazu gehören möchten und den wichtigen Austausch nicht missen wollen.

Nachdem ich selbst einen solchen feinen Tribe aufgebaut habe, kann ich das nur bestärken: Meine Premium Community ist das Erfüllendste in meinem Sein als Coach! Menschen, die „ja!" sagen zu meiner Methode und die committet sind, ihre Ziele auch umzusetzen. Die sich gegenseitig unterstützen und als Netzwerk sehen, das alles ist sehr erfüllend! Und nicht nur für mich, sondern auch für die Community-Mitglieder selbst.

Die „richtigen" Menschen zusammenbringen

Innerhalb meiner Community haben sich schon viele dauerhafte Freundschaften gebildet. Oft höre ich dann, wie schön das sei, dass man sich hier „zufällig" allseits so gut versteht. Nun, mit Zufall hat das natürlich reichlichst wenig zu tun! Um auf Stephen Covey und den Spruch, immer das Ende im Sinn zu haben, zurückzukommen:

Damit du die Community deiner Träume begleiten darfst, musst du schon bei der eMail-Eintragung mit dem Aussieben beginnen. Ja, du hörst richtig, wir wollen nicht jeden in der Liste haben!

Doch wie findest du die richtigen Menschen?

Im Gegensatz zu dem, was du in den meisten Wunschkunden-Workshops lernst, geht es nicht vorwiegend um die Demografie, also Alter, Geschlecht, Einkommen, Bildungsstand, sondern in einem viel höheren Maß um die Soft Facts, die sogenannte Psychografie. Unter diesen Begriff fallen Wünsche, Hoffnungen, Ziele und Werte deiner Idealkunden, aber auch Zweifel, Ängste und Probleme.

Genau diese „weicheren" Daten sind am Ende des Tages ausschlaggebend dafür, dass sich Menschen in einer Community wohl fühlen. „Die ticken alle ähnlich wie ich!", wird erfreut festgestellt.

Natürlich: Setzt man beim Listen-Aufbau nur auf die Quantität, indem man jeden reinlässt, so wird es zwar zu mehr Eintragungen - aber eben im Laufe der Zeit - auch wieder Austragungen kommen. In deinem Premium-Programm wird dann nicht so ein starkes Wir-Gefühl entstehen und viele Teilnehmer:innen werden sich immer wieder fragen, ob sie denn hier richtig sind, weil sie sich anders fühlen als andere und diese nicht verstehen. Das führt zu mehr Ärger für dich und kürzere Verweildauern in Abos.

Somit geht es letzten Endes nie nur um die große Zahl der Menschen in deiner Liste, sondern vor allem auch um deren Qualität. Damit meine ich, dass sie passend sind für das, was du anzubieten hast. Und mit wem du deine Zeit verbringen willst.

Visitenkarten sammeln – nein danke!

Kommen wir zurück auf Susanne, die alles tut, um die Quantität ihrer Liste zu steigern.

Seit der Einführung der DSGVO ist vieles verboten – und doch gibt es sie nach wie vor: Die Visitenkarten-Einsammler. Du bist einem solchen Wesen sicher schon begegnet! Auf Netzwerktreffen und ähnlichem heucheln sie Interesse, um eine Visitenkarte von dir zu ergattern – einen halben Tag später hast du auch schon ihren ersten Newsletter im Posteingang. Denn sie wollten nicht bei dir kaufen, sondern dich in ihre Liste packen.

Eine meiner Coaching-Kundinnen, der ich beim Erstellen ihres KlickTipp Kontos half, bestand darauf, alle, wirklich alle Adressen ihres gmx-Kontos zu immigrieren. Das war ihr Zahnarzt, ihr Tischler, ihr Immobilien-Makler und dergleichen mehr.

Das bringt genau gar nichts, denn es führt zu schlechten Statistiken, zu hohen Spam-Bewertungen und am Ende des Tages dann doch nur zu Austragungen. Diese Menschen sind dann auch zurecht verärgert!

Nimm also wirklich nur jene Menschen in deinen Verteiler, die das ganz freiwillig und DSGVO-konform tun und lasse alle anderen in Frieden, denn sie sind nicht dein Tribe.

Die Milchmädchen-Rechnung – Teil 2

Kommen wir zurück zur Milchmädchen-Rechnung: Da habe ich dir aufgezeigt, dass die Größe deiner Liste in direktem Verhältnis zu den zu erwartenden Verkaufs-Umsätzen steht. Das ist wahr. Doch wir hatten hier auch den Faktor der Konversions-Rate in der Kalkulation. Dazu hatte ich dir gesagt, dass es viele Umstände gibt, die diese beeinflussen.

Nun, einer der wichtigsten Multiplikatoren deiner Konversions-Rate ist natürlich, wie sehr die Menschen in deiner Liste auch tatsächlich potenzielle Käufer deiner Angebote sind! Da fallen gleich all jene Menschen flach, die du irgendwie „hineingetrixt" hast, oder deren Adressen du gekauft hast und ähnliches.

Übrig bleiben jene, die ganz freiwillig und gerne in deiner Liste sind. Das erhöht die Konversionsrate. Die könnte dann bei unserem vorherigen Beispiel nicht nur 5 sondern 10% sein. Lass uns rechnen: gleicher Preis (500€), aber doppelte Konversionsrate (10 statt 5%).

Bei einer Liste von 100 Leuten hast du nun 10 Verkäufe statt 5, du machst also 5.000€ Umsatz, bei einem Verteiler von 1.000 Menschen sind es 50.000€ und bei 10.000 Kontakten sind es 500.000€.

Im Vergleich zu unserer ersten Milchmädchen-Rechnung ist also leicht zu sehen, dass eine doppelt so hohe Konversionsrate zu den doppelten Umsätzen führt. Und diese Höhe der Rate ist – wie schon erwähnt – zu einem Gutteil auf die Qualität der Liste zurückzuführen.

Somit können wir schließen, dass zwar die Quantität deiner Liste tatsächlich wichtig ist („das Geld liegt in der Liste!"), aber genauso relevant ist es, die „richtigen" Menschen an Bord zu haben.

Keine Angst vor Austragungen!

Genau in diesem Zusammenhang möchte ich dir auch die Angst vor Austragungen nehmen. Viele Unternehmer:innen, die eben erst mit dem Sammeln von Adressen beginnen, haben eine fast lähmende Panik davor, dass sich Menschen austragen.

Gerade zu Beginn schmerzt das vor allem deswegen so, da man die meisten Menschen auf dem Verteiler auch tatsächlich persönlich kennt. Wenn diese sich dann austragen – und dann vielleicht noch mit einer Bemerkung, wie „zu viele eMails" oder „für mich nicht relevant", dann kann das oft tagelang wurmen.

Und doch gehört das alles mit zum Listen-Aufbau dazu! Denke mal darüber nach, warum sich Menschen austragen, oder noch einfacher: Warum hast du dich wo ausgetragen? Und das hast du sicher schon getan!

Meist ist der Grund schlicht der, dass das Thema – zumindest im Moment – nicht passt. Dieser Mensch würde sowieso zurzeit nicht kaufen. Er zerstört dir also nur deine Statistiken!

Sieh es von einer anderen Seite: Durch den Vorgang, dass sich Uninteressierte ständig austragen und Interessierte lange Zeit drinnen bleiben, wird deine Liste immer mehr destilliert, also immer wertvoller.

Das kannst du sogar noch steigern, indem du deinen Verteiler zusätzlich noch selbst „ausmistest". Alle Personen, die eine gewisse Zeit keine Mails geöffnet haben, werden gelöscht. Ui, das tut weh, das kannst du dir nicht vorstellen? Nun, wenn du im Bereich von vielen tausend Adressen bist, wird so eine Software auch ganz schön teuer – und jeder Kontakt kostet dich Geld. Da ist es oft ein gutes Argument, mal ein paar Kontakte zu löschen.

Eine bessere Öffnungs-Rate, also schönere Zahlen, ist ein weiterer Grund für eine Listenbereinigung.

So, das war's soweit zum Verständnis, was die Liste eigentlich ist und nun lass uns darüber reden, wie du die deine möglichst rasch und effizient aufbaust!

CONTENT MARKETING: WERDE „TRUSTED ADVISOR"

So ticken deine Interessent:innen

Als ich noch mein Lerncoaching Institut leitete, kamen fast ausschließlich Kinder zu mir, die schon mehrere Fünfer (die schlechteste Note in Österreich) geschrieben hatten und deren Versetzung sehr ernsthaft gefährdet war. Vieles wäre für mich und auch das Kind leichter gewesen, hätte die Familie schon früher bei mir angefragt. Nun war aber schon Feuer am Dach!

Doch das ist natürlich nicht nur beim Lerncoaching so! Ich bin mir sicher, dass Beziehungs Coaches genauso meinen, die meisten Paare hätten viel früher kommen sollen, genauso denken wahrscheinlich auch Schuldenberater über ihr Klientel und so weiter.

Offensichtlich sind die meisten Menschen sehr lange beratungsresistent.

Das liegt am normalen Lebenszyklus eines Problems. Lange Zeit sind sich die meisten Menschen noch nicht einmal bewusst, dass sie überhaupt ein solches haben. Ja, es ist schon wahr, das Leben ist irgendwie nicht ganz angenehm. Und trotzdem werden die entsprechenden Gefühle und Erfahrungen lange auf die Seite geschoben – um nicht zu sagen verdrängt.

Erst wenn es so richtig schmerzt, muss sich die jeweilige Person eingestehen, dass es so nicht weitergeht.

Zu wissen, dass man ein Problem hat, ist zwar schon eine gewaltige Erkenntnis, aber bis hin zur Entscheidung, sich dessen zu entledigen, ist es oft noch ein langer Weg. Und nur weil man ein Problem lösen will, heißt auch noch nicht, dass man eine passende Methode findet. Schlussendlich dauert es auch dann, wenn man weiß, was man zur Lösung tun kann, oft noch Wochen, Monate oder Jahre bis sich so mancher Mensch entschließt, sich dem auch tatsächlich radikal zu stellen.

Warum erzähle ich das? Nun wir Coaches und Trainer:innen verkaufen fast immer Lösungen zu Problemen und daher ist es essenziell, dass wir verstehen, warum es oft Jahre dauern kann, bis jemand tatsächlich unser Kunde wird. Auch wenn wir als Coaches und Trainer:innen jemandem sofort ansehen, was er oder sie braucht, heißt das noch lange nicht, dass diese Person bereit ist, jetzt und hier bei uns zu buchen.

Setze auf die 67 Prozent

Vom Marketer Chet Holmes, der noch zu Offline Zeiten agiert hat, gibt es folgende Geschichte: In seinem Buch „The Ultimate Sales Machine" erzählt er, dass er oft sein Publikum befragte, wer denn gerade etwas Bestimmtes kaufen möchte und daher aktiv auf der Suche sei. Egal, was das war, also zum Beispiel ein neues Auto, ein Kühlschrank oder ein

Computer, immer hätten laut Holmes zirka drei Prozent im Saal die Hand gehoben.

Und um diese wenigen Leute streiten sich alle, meinte er. Dafür werden die Werbebudgets ausgegeben und Verkaufs-Aktionen gefahren. Doch das ist kurzfristiges Denken, denn potenzielle Kunden gibt es viel mehr, nur eben nicht genau jetzt.

Laut Chet Holmes tragen sich sieben weitere Prozent schon mit dem Kauf-Gedanken. Aber eben noch nicht so ernsthaft, dass sie bereits die Geschäfte und das Internet frequentieren. Ich brauche hierbei nur zum Beispiel an meinen alten Mazda denken, der mir 13 Jahre lang gute Dienste erwiesen hat. In seiner letzten Zeit bei mir hatte er schon ein bisschen ein Eigenleben entwickelt und ein paar Macken. Immer wenn diese sich zeigten, dachte ich zumindest kurzfristig, dass ich mich nun endlich um ein neues Auto umschauen solle. Doch ernsthaft mit einem Neukauf beschäftigt habe ich mich nicht.

Doch Chet Holmes' Gesetzmäßigkeiten treffen nicht nur auf Waren zu. Auch bei der Erwägung von Service-Buchungen reagieren Menschen ähnlich. Etwa so: „An und für sich ist ja alles okay in der Beziehung, wären da nicht manchmal diese Streits, die sich über Tage ziehen … sollte man womöglich mal ein Paarcoaching ausprobieren?"

Wie gesagt, laut Chet Holmes liebäugeln sieben Prozent der Zielgruppe manchmal mit einem Kauf, ohne schon tatsächlich auf der Suche nach dem richtigen Anbieter zu sein.

Weitere 30 Prozent, so der Marketing-Experte, wissen, dass sie irgendwann in einer bestimmten (oder unbestimmten) Zukunft kaufen werden. „Wenn die Kinder aus dem Haus sind, dann verkaufen wir den Family-Van und holen uns stattdessen ein Cabriolet, mit dem wir die Algarve entlangfahren.", könnte ein solcher Plan sein. Oder im Dienstleistungs-Bereich: „Jetzt komme ich noch alleine klar mit meinem Studium, aber wenn ich dann meine Bachelor-Arbeit schreiben muss, dann buche ich dieses tolle Schreib-Training für wissenschaftliche Arbeiten, das meiner Cousine so gut geholfen hat."

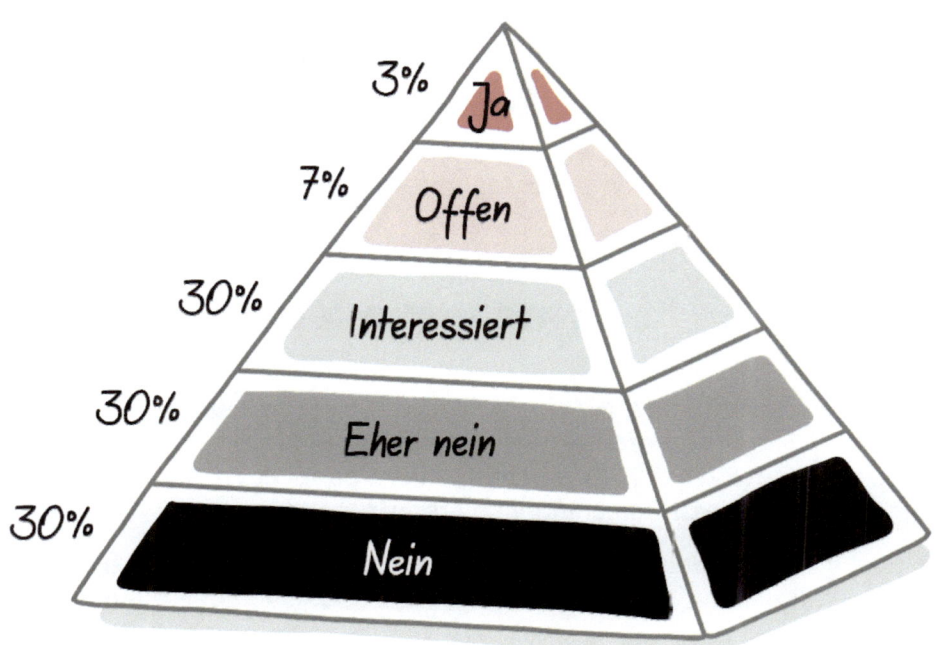

Weitere 30 Prozent, so Chat Holmes, sind potenzielle Kunden, ohne sich dessen jetzt bewusst zu sein. Sie wissen noch nicht, dass in ein paar Monaten ihr Wagen plötzlich nicht mehr anspringt. Oder, wiederum auf der Dienstleistungs-Ebene: Sie sind zwar bewusst oder unbewusst auf der Suche nach einer Lösung für ein Persönlichkeits-Problem, wissen aber noch nicht, dass es tatsächlich etwas gibt, was ihnen helfen kann (vielleicht ist es ja genau deine geniale Coaching-Methode).

Die restlichen 30 Prozent wirst du leider nie erreichen. Aus verschiedenen Gründen werden sie nie deine Kunden werden. Sei es, weil sie autofrei leben, oder weil schon drei Generationen in der Familie BMW gefahren sind und daher nie ein Mercedes ins Haus beziehungsweise die Garage kommen darf. Oder, wiederum - übertragen auf den Coaching-Sektor - gibt es zum Beispiel Menschen, die prinzipiell nie zu einem „Seelenklempner" gehen würden, schließlich sind sie ja nicht verrückt.

Willkommen im Content Marketing!

Fassen wir zusammen: Menschen brauchen Tage, Wochen, mitunter sogar Monate oder Jahre, bis sie sich ihrer Probleme bewusstwerden, bereit sind, eine Lösung zu suchen, diese dann auch finden und sich schließlich auch dazu entscheiden, Hilfe anzunehmen.

Als Coach oder Trainerin – oder generell als Anbieterin von Waren oder Dienstleistungen ist es daher taktisch unklug, sich mit allen Werbe-

Bemühungen nur auf jene Menschen zu konzentrieren, die jetzt und hier kaufwillig sind (die obersten drei Prozent).

Wenn du dein Business nachhaltig und effizient aufbauen willst und etwas Geduld mitbringst, ist es viel weiser, potenzielle Kund:innen schon viel früher in ihrem Entscheidungs-Prozess auf dich aufmerksam zu machen und ihnen zu zeigen, dass du Expert:in für die Lösung ihres Problems bist.

Durch das regelmäßige Zusenden relevanter Informationen zu ihrem Thema gewinnst du nicht nur ihr Vertrauen, sondern beschleunigst außerdem auch ihren Entscheidungs-Prozess, ihr Problem zu lösen.

Wenn du es richtig machst, wirst du ihr „Trusted Advisor" (der/die Berater:in ihres Vertrauens) auf deren Nachrichten sie sich schon freuen.

Ab einem gewissen Zeitpunkt wissen sie ganz genau, dass sie sich nur von dir helfen lassen wollen. Es ist dann nur noch eine Frage der Zeit, wann sie bereit sind, ihren Prozess zu starten. Und sie schauen dann auch nicht mehr rechts und links, ob es noch etwas Besseres gibt, denn für sie gibt es dann nur noch dich. Bis es so weit ist, haben sie dich (eventuell sogar schon mehrfach) an Freunde oder Bekannte empfohlen.

Alternativen zu Content Marketing

Seitdem ich das Konzept von Content Marketing verstanden habe, damals auf dem Workshop in Zürich, bin ich davon begeistert! Es hat mich zur anerkannten Expertin mit einer wunderbaren Community und großartigen Umsätzen gemacht!

Aber ich weiß, manche wollen es gerne schneller – und gerade was Online Business angeht, versprechen dir viele Coaches den Erfolg über Nacht. Im Vergleich dazu klingt es natürlich mühsam, zu warten bis die Kunden so weit sind und sich bis dahin viel Arbeit mit dem Erstellen von gutem Content zu machen.

Daher möchte ich hier kurz eine alternative Methode für uns Coaches und Trainer aufzeigen, die im Online Business auch sehr gängig ist: das Hochpreis-Coaching.

Nur um Missverständnisse auszuschließen: Es geht hierbei nicht nur einfach darum, hohe Preise für gutes Coaching zu verlangen. Das ist legitim und würde ich auch nie anders empfehlen. Beim „Hochpreis Coaching", wie es landläufig in der Online Business Sprache verstanden wird, geht es vielmehr darum, schlicht wirklich hohe Preise für jegliches Coaching zu verlangen.

Nach dem Motto, ein gewisser Prozentsatz wird schon kaufen, werden extrem hohe Honorare für Coaching-Pakete ausgerufen. Die Kunden werden meist durch Webinare und anschließende Einzelgespräche geleitet. In diesen wendet der Coach all sein psychologisches Verkaufs-Wissen an, um eine hohe Quote an Abschlüssen zu tätigen. Meist gibt es nur genau jetzt und hier die Gelegenheit zu kaufen (Knappheit!) und auch sonst ist der Coach mit allen Wassern gewaschen – für diese Skills hat er wiederum einen sehr hohen Preis an einen anderen Hochpreis-Coach gezahlt, der ihm diese Masche beigebracht hat.

Natürlich gibt es Anbieter, die von diesem System sehr gut leben können. Doch glaube mir, über diese Menschen wird in der Branche selten gut gesprochen – vor allem nicht von ihren ehemaligen Kunden, die oft schon Minuten nach dem Abschluss ihre Entscheidung bereuen. Oft haben diese sogar Kredite aufgenommen, um sich das Coaching überhaupt leisten zu können. Und allzu selten erfüllt der hohe Preis die entsprechende gesteigerte Erwartungen der Käufer.

Ein weiterer Nebeneffekt dieser Methode ist folgender: Ein Mensch, der einmal Interesse an einem solchen Angebot gezeigt hat, wird meist so lange nicht in Ruhe gelassen, bis er entweder gekauft hat oder den Anbieter zum Teufel schickt. Das ganze Hochpreis-Coaching zielt von vornherein darauf ab, verbrannte Erde zu hinterlassen. Es gibt nur ein Ja oder ein Nein – mehr Optionen hat dieses Konzept nicht.

Da lobe ich mir doch das Content Marketing, das den potenziellen Kunden Zeit für ihre Entwicklung lässt und sie in ihrem Tempo da abholt, wo sie gerade sind. Niemand wird verbrannt und für jeden gibt es jederzeit die Möglichkeit einzusteigen.

Das ist ein nachhaltiges Business Modell, das dir einen guten Ruf als Berater:in einbringt und dir Umsätze auf viele Jahre sichert!

Du merkst schon klar, wozu ich dir hier rate! Ja, Content zu erstellen macht Arbeit. Sieh es als den Aufbau deines Expert:innen-Status und guten Rufes, der dir noch ein Jahrzehnt später viel Vertrauen in dich bescheren wird.

Begin with the End in Mind

Kommen wir zurück zum anfangs erwähnten Stephen Covey Zitat, nachdem wir schon zu Beginn das Ergebnis vor Augen haben.

Listbuilding ist kein Selbstzweck. Wir sammeln die Adressen als Pool für unsere potenziellen Kund:innen, als Basis für unsere großartige Community, unseren Tribe. Demnach ist es wichtig, dass schon in unserer ersten Begegnung mit ihnen das große Bild einer künftigen Kunden-Beziehung fraktal mitschwingt. Alles, was wir zu Anfang aussagen – ob in Social Media Posts, Blog-Artikeln, Webinaren, Podcast-Folgen oder Videos ist eine Ouvertüre zu unserem ganz großen Kino.

Kein Wunder also, dass Ritas schlaue Sprüche vom Dalai Lama und ihre Fotos von Kind, Hund und Mittagessen niemanden dazu bewegen, ihre Kund:in werden zu wollen. Der Spagat ist einfach zu groß!

Ich verstehe ehrlich gesagt nicht, warum noch immer so viele Menschen auf diese Botschaften der diversen Social Media Damen (ja es sind fast nur Frauen) reinfallen, die ihnen – meist um teures Geld – sagen, dass sie sich auf diversen Sozialen Plattformen nackig ausziehen sollen, um Kunden zu gewinnen. Niemand bucht dein Coaching oder deine Massage, nur weil du stündlich schreibst, was du so treibst. Das eine hat mit dem anderen rein gar nichts zu tun.

Etwas anders liegt es bei sogenannten Influencer:innen. Diese verkaufen aber auch kein Coaching, sondern in diesem Fall sind sie selbst das Produkt. Also wenn du dich einfach gerne ins Schaufenster stellst und es spannend findest, wenn ganz viele Unsichtbare und Unbekannte an deinem Leben teilhaben, dann will ich dich nicht aufhalten. Nur verfalle eben nicht dem Irrtum zu glauben, dass dir das mehr Coaching-Kunden bringen wird, denn...

Deine Kunden interessieren sich nicht für dich!

In deinem Hirn dreht sich ständig alles um dich, das ist schon seit tausenden Generationen im Homo Sapiens angelegt. „To survive and thrive" (zu überleben und zu gedeihen) ist der ständige Scan in uns. Mit diesem Modus bist du natürlich nicht einzigartig. Deine Interessent:innen haben ihn ebenfalls in ihrer Festplatte installiert.

Dementsprechend interessieren sie sich einen feuchten Dreck für deine Posts – selbst wenn diese lustig sind, ist ihnen die Person dahinter zumeist egal.

Dann jedoch, wenn du über sie sprichst und ihnen erzählst, wie es ihnen geht, was sie denken und fühlen und dass du ihnen helfen kannst, ihre Probleme zu lösen, gewinnst du ihre ungeteilte Aufmerksamkeit! Du stellst sozusagen den Fuß in die Türe und startest eine Konversation, die im besten Fall bis zum Kauf führt.

Schritt für Schritt aufwärts!

Gutes Listbuilding – also eines, das zu vielen Kaufabschlüssen führt – beginnt somit zumeist mit so einem ersten „Gedankenlesen", in dem du deiner Interessent:in zeigst, dass du weißt, wie sie sich fühlt und eine Lösung in Aussicht stellst, führt über guten Content zu immer neuen (zuerst kostenlosen) Angeboten und im besten Fall früher oder später zum Kauf.

Content Marketing zielt hierbei nie darauf ab, dass alle kaufen. Aber wenn du es richtig machst, dann ist deine Konversions-Rate hoch und du kannst äußerst gut von deinem Coaching-Business leben.

Dein Listbuilding ist somit die erste Stufe zu guten Geschäften mit deinen passenden Kund:innen.

Kennen   Mögen   Vertrauen

Setze auf eMail-Marketing

Social Media ist keine Verkaufs-Plattform

Ehrlich gesagt verstehe ich nicht ganz, warum marketing-unerfahrene Unternehmer:innen so oft glauben, Facebook & Co seien gute Vertriebsplattformen.

Viele machen es entweder so wie Rita und posten wie wild Beiträge über ihre täglichen Mahlzeiten, Hund und Kind oder aber sie setzen Posts, in denen sie direkt ihre Coaching-Pakete und Online Kurse zum Kauf anbieten.

Nun ist es aber so, dass Menschen auf Social Media nicht unterwegs sind, um Angebote einzuholen, sondern um sich zu unterhalten und den neuesten Tratsch von ihren Kontakten zu erfahren. Direkt gekauft wird hier äußerst selten. Aus diesem Grund macht ein unmittelbares Bewerben deiner Kurse und Coachings auf Facebook & Co meist keinen Sinn.

Trotzdem haben auch die Sozialen Netzwerke ihren Stellenwert in deinem erfolgreichen Marketing – darauf gehe ich dann im nächsten Kapitel ein. Doch wenn du dir nachhaltig einen guten Ruf als Expert:in aufbauen willst und langfristig erfolgreich sein willst, dann solltest du – wie schon eingangs erwähnt, in erster Linie auf den Aufbau deiner eMail-Liste setzen.

Das Kleingedruckte zuerst

Im Rahmen der Datenschutzgrundverordnung (DSGVO) im Jahr 2018 gab es eine genaue Klärung, was im Online Marketing erlaubt ist und was nicht. Doch viele Pflichten eines Newsletter-Versenders, wie zum Beispiel die Pflicht, ein Double-Opt-In Verfahren zu nutzen, gibt es sogar schon seit dem Jahr 2000.

Damit dein Sammeln von eMail-Adressen in trockene Tücher gewickelt ist, hier nur die wichtigste Information: Du kannst auf keinen Fall deinen Newsletter einfach von einem gmx- oder gmail-Konto schicken, sondern brauchst eine eigene Newsletter Software, die dir ein rechtskonformes Agieren ermöglicht. Die drei wichtigsten Punkte sind folgende: Erstens das Wahren der Impressumspflicht. Es muss also klar sein, wer der Absender ist. Zweitens muss es bei der Eintragung ein sogenanntes Double-Opt-In Verfahren geben. Das bedeutet, dass der Interessent nochmals per Link-Klick bestätigt, dass er sich tatsächlich in die Liste eingetragen hat. Außerdem muss es einer Abonnentin möglich sein, sich bei jedem erhaltenen eMail mit nur einem Klick wieder aus der Newsletter-Liste auszutragen.

Etikettiere deine Abonnent:innen

Die oben erwähnten Voraussetzungen erfüllt eigentlich fast jede Software, selbst kostenlose Programme wie Mailchimp und Newsletter2Go.

Sobald du allerdings mehr vorhast, als einmal in der Woche oder im Monat einen klassischen Newsletter zu versenden, solltest du auf eine Software setzen, die automatisiertes Tagging (zu Deutsch Etikettieren) ermöglicht. Erst damit ist es dir möglich, sehr individuelle eMails an bestimmte Segmente deiner Liste zu schicken, also zum Beispiel an all jene Abonnent:innen, die ein bestimmtes Produkt gekauft haben oder aber auch nicht gekauft haben. Ein qualitativ hochwertiges Tagging findest du leider nicht in kostenloser Software. Bedenke: Deine eMail-Liste ist dein wichtigstes Marketing Tool und daher finde ich es falsch, an dieser Stelle zu sparen. Ich selbst habe lange KlickTipp (https://www.meikehohenwarter.com/klicktipp) verwendet und bin nun bei Active Campaign (https://www.meikehohenwarter.com/ac). Beide Programme kann ich dir empfehlen.

Ein Video und eine vollständige Liste meiner Tools kannst du dir kostenlos in den Bonus-Ressourcen dieses Buches sichern: https://www.meikehohenwarter.com/bonus-listbuilding-buch-bestellung oder einfach den QR Code scannen:

Niemand will sich in einen weiteren Newsletter eintragen

Nachdem wir nun die technischen Details geklärt haben, bleibt nur noch die wichtigste Frage, nämlich wie sich deine Liste nun magisch mit Interessent:innen füllt.

Klassischer Weise gibt es hier ein Formular mit der „Eintragung zum Newsletter", das viele Unternehmer:innen auf ihre Webpage einpflegen und nun auf zahlreiche neue Abonnent:innen hoffen. So habe ich auch begonnen. Von meinen eigenen Erfahrungen und auch denen meiner Kund:innen kann ich dir sagen, dass du auf diese Weise nul bis fünf Eintragungen im Monat bekommst. Das sind dann in einem ganzen Jahr sage und schreibe zirka 40. Davon musst du natürlich noch die Austragungen abziehen.

Mühsam ernährt sich das Eichhörnchen.

Du fragst dich also berechtigter Weise, ob es denn keine effizienteren Methoden gibt, um schneller an mehr Adressen zu kommen – und ja die gibt es! Eine stetige und kontinuierliche Herangehensweise ist es, ein Freebie zu erstellen (darüber gleich mehr).

Und wenn du es eilig hast: Eine extrem rasche, aber auch sehr anstrengende Methode sind spezielle Events, wie Challenges, Bundles oder Online Kongresse (zu denen wir uns etwas später noch vertiefen werden).

„Ich kann doch nicht mein Bestes umsonst hergeben!"

Tatsache ist, dass wir alle in viel zu vielen Newslettern eingetragen sind und uns davon überschwemmt fühlen. Aus diesem Grund ist die Motivation des Einzelnen nicht sehr hoch, sich in einen weiteren Verteiler einzutragen. Genau deswegen ist die Ausbeute einer „Eintragung zum Newsletter" so gering.

Wie aber schon anfangs erwähnt, ist unser Gehirn darauf gepolt, ständig Lösungen für unser Leben und unsere Probleme zu finden. Das kann man gut nutzen, um die richtigen Menschen in die Liste zu bekommen: Du bietest einfach eine Kostprobe deines Könnens in Form eines Video-Tutorials, einer Checkliste, einer Meditation oder ähnliches an – und das im Austausch gegen die eMail-Adresse. Ja, das ist ganz DSGVO-konform und nennt sich landläufig „Freebie", im Englischen redet man von einem „Lead Magnet".

Dieses Freebie muss natürlich attraktiv genug sein, um Menschen dazu zu bewegen, dass sie sich bei dir anmelden. Und du solltest die neuen Abonnent:innen auch tatsächlich mit deinem Geschenk begeistern, denn nur so wollen sie mehr von dir wissen. Ist dein Lead Magnet lieblos gestaltet, werden sie zurecht nicht weiter an dir interessiert sein und sich spätestens bei deinem nächsten Newsletter beim hierfür vorgesehenen Link austragen.

Oft höre ich den Einwand der Coaches, dass man doch nicht sein gutes Wissen kostenlos hergeben kann. Da schwingt die Angst mit, dass nach dem Freebie nichts mehr gekauft wird.

Diese Sorge ist in gewisser Weise durchaus berechtigt. 80 bis 90 Prozent der Eingetragenen werden dir nie auch nur einen Euro geben und sich nie über das Stadium eines kostenlosen Nutznießers deines Wissens hinausentwickeln. Doch händeringende Aussagen, wie „die stauben ja nur alles gratis ab und dann sind sie weg!", lassen dich auf die falsche Seite des Content Marketings blicken. Wer so etwas sagt, bei dem ist das Glas halb leer. Diese Person erkennt nicht, dass die anderen zehn bis 20 Prozent der Eingetragenen für deinen äußerst guten Umsatz sorgen, indem sie durchaus kaufbereit sind. Marketing ist wie gesagt ein Zahlenspiel.

Aber natürlich gehört auch zu einem Freebie eine klare Strategie. Den Interessent:innen einfach nur dein Wissen vor die Füße zu werfen, ist natürlich wenig zielführend. Wichtig ist es, im Dialog zu bleiben und ihnen genau zu sagen, was ihr nächster Schritt ist, wenn ihnen dein Geschenk gefallen hat. Das Freebie ist schließlich im besten Fall nur der Beginn einer langen, wunderbaren Freundschaft.

Hierbei werden von Anfängern natürlich jede Menge Fehler gemacht. Daher will ich dir nun einige Tipps für dein gelungenes Freebie geben.

DEIN MAGNETISCHES FREEBIE

Ohne Freebie kein Online Business

Eine Newsletter-Eintragung mit einem Freebie als Geschenk anzubieten ist für viele Online Business Starter der erste Funnel (zu Deutsch Marketingtrichter), den sie erstellen. Viele drücken sich lange davor, da hier einige verschiedene Schritte nötig sind, die Anfängern doch etwas zu schaffen machen:

Du musst ein Freebie erstellen und eine Eintragungsseite dafür basteln (lassen) in die auch das Formular deiner Newsletter Software integriert wird. Weiters gilt es, ein Double-Opt-In Verfahren einzurichten. Mindestens ein Auto-eMail für den Versand des Freebies muss auch eingerichtet werden, im besten Fall jedoch gleich eine ganze Sequenz mit Willkommens-Mails. Und damit sich wirklich jemand einträgt, gilt es dann natürlich auch, das Freebie kräftig zu bewerben.

Das sind für eine Anfänger:in schon ganz schön viele Stellschrauben – und an jeder einzelnen kannst du immer wieder drehen, um den Funnel stets zu optimieren. Aber keine Angst, die Übung kommt mit dem Tun und hier folgen nun Tipps, damit die Zahnräder von Anfang an gut ineinandergreifen!

Freebie-Formate

Eine essenzielle Frage ist natürlich, welche Kostprobe deines Könnens du im Austausch für die eMail-Adresse hergeben kannst. Die Bandbreite der Möglichkeiten ist riesengroß. Für dein erstes Freebie würde ich dir zu einem Video (zum Beispiel mit einem wichtigen Tipp oder einem kurzen How To Tutorial), einem Audio (zum Beispiel mit einer Meditation) oder einem pdf (hier bietet sich zum Beispiel ein Booklet von ein paar Seiten mit nützlichen Tipps oder auch eine Checkliste an) raten. Somit ist dein Freebie ein Digitales Produkt, das leicht per eMail ausgeliefert werden kann.

Du brauchst nicht allzu lange bei der Erstellung und der neue Abonnent auch nicht zu lange, um es zu konsumieren – was auch wichtig ist, wie ich später noch näher ausführen werde.

Hier und da macht es auch Sinn, einfach ein kostenloses Erstgespräch anzubieten. Sei dir nur dessen bewusst, dass du in diesem Fall dann Zeit gegen Geld tauschst und - je nachdem wie geübt und klar in deiner Gesprächsführung du bist - wird nur ein geringer Teil aufgrund des Gespräches bei dir buchen. Wenn du aber ein tolles Premium-Paket zu verkaufen hast, kann sich diese Strategie gerade zu Beginn deines Online Business durchaus auszahlen.

Für geübtere Online Marketer eignen sich dann auch automatisierte oder Live Webinare, automatisierte oder Live Challenges oder noch komplexere Events, wie zum Beispiel Online Kongresse. Doch ich würde dir nicht dazu raten, mit solchen komplexen Freebies zu starten.

Rein theoretisch kann ein Freebie auch ein physisches Produkt sein, dann musst du allerdings die Kosten für das Porto und die Arbeitszeit für das Verpacken hinzurechnen.

Darüber hinaus gibt es noch unendlich mehr Ideen für Freebies. So kannst du auch Probe-Abos in einer bestehenden Online Plattform, Vorlagen (zum Beispiel für Powerpoint-Präsentationen, Briefe, Charts usw), Apps und andere Software oder auch die Teilnahme an Offline Events als Freebie anbieten.

Wie gesagt für dein erstes Freebie würde ich auf die Formate mp4, mp3 oder pdf bauen.

Der Inhalt deines Freebies

Dein Freebie ist der Fuß in der Türe. Du möchtest, dass es potenzielle Käufer:innen neugierig auf mehr macht und sie davon überzeugt, dass du zu deinem Thema etwas zu sagen hast und ihnen helfen kannst.

Die große Angst vieler Unternehmer:innen ist wie schon erwähnt, dass ein Freebie den neuen Abonnenten mit dem Gefühl zurücklässt, nun schon alles zu wissen und nichts weiter zu benötigen.

Das ist natürlich Unsinn, denn eine echte Expertin kann drei Minuten, drei Stunden und auch drei Tage über ihr Thema reden. Denke an die schon erwähnten verschiedenen Stadien, die ein potenzieller Kunde durchläuft von der Leugnung des Problems bis hin zur Entscheidung es zu lösen.

Das bedeutet, diese Person muss klar erkennen, dass sie ein Problem hat, erfahren, dass es eine Lösung gibt und diese dann auch letzten Endes bewusst wählen.

Mit dem Freebie sprichst du auf jeden Fall jene Leute an, die sich gerade eben klarwerden, dass sie ein Problem haben und bewusst oder unbewusst nach Lösungen suchen. Für einige von ihnen bringst du das Thema eventuell zum allerersten Mal auf den Tisch. Am besten erstaunst du sie damit, wie gut du weißt, wie es ihnen geht und was sie denken (darüber dann noch mehr, wenn wir über den passenden Marketing-Text sprechen).

Natürlich macht ein einzelnes Freebie aus einem Saulus keinen Paulus, daher ist es wichtig, dieses nur als einen ersten Schritt zu sehen.

Wenn du nach dem ersten Kontakt noch eine Serie mit weiteren eMails schickst, wirst du in jedem Fall erfolgreicher sein, als wenn das alles war, was du zu bieten hattest.

Natürlich sprichst du nicht ausschließlich Menschen an, die gerade erst bemerken, dass sie ein Problem haben. Der andere Teil weiß das schon länger und hat eventuell schon viele vergebliche Versuche hinter sich, diesem beizukommen. Bei diesen Leuten geht es daher nicht um die Bewusstwerdung, sondern darum, die alten, schlechten Erfahrungen zu neutralisieren.

Jemand, der etwas schon länger erfolglos versucht, hat bestimmte Vorbehalte – man spricht hier auch von Glaubenssätzen. Im Prinzip gibt es hier drei Haupt-Gedanken:

1. „Diese Methode funktioniert nicht"
2. „Dieser Coach/Trainerin taugt nichts"
3. „Andere mögen das schaffen, aber ich bin zu dumm"

Wenn du Menschen (vor allem jene mit schlechten Vor-Erfahrungen) davon überzeugen willst, den Weg mit dir zu gehen, gilt es daher, diese Glaubenssätze kräftig ins Wanken zu bringen. Denn bevor diese nicht neutralisiert sind, wird die Person nicht bei dir buchen.

Somit kannst du es als oberste drei Ziele eines Freebies sehen

1. Deinen Interessent:innen auf den Kopf zuzusagen, dass sie ein Problem haben und du daher genau weißt, was in ihnen vorgeht
2. Dass du eine Lösung hast, die auch ihnen helfen kann
3. Ihre bisherigen schlechten Erfahrungen durch positive Beispiele und Geschichten von dir und deinen Kunden zu neutralisieren.

Natürlich gibst du ihnen auch „Stoff", damit das Kopferl etwas zu tun hat. Doch sind deine Freebie-Inhalte vor allem dazu da, die oben genannten Hauptziele zur Entkräftung bestehender Glaubenssätze zu transportieren.

Der größte Fehler wäre es, ihnen im Freebie genau zu zeigen, WIE sie etwas lösen. Denn dann haben sie auf jeden Fall das Gefühl, schon alles bekommen zu haben, was sie brauchen (auch wenn es selbst dann meist nicht so ist).

Oft eignet sich eine dreiteilige Präsentation, egal ob in einem Video oder einem Booklet, zum Beispiel

- „Die ersten drei Schritte, um X zu tun" oder
- „Diese drei Tools brauchst du, um…" oder auch
- „Drei Dinge, die du über Y wissen solltest"
- „Vermeide die drei klassischen Fehler, wenn du Z erreichen willst
- „Drei unerschütterliche Mythen zu Q – und wie es wirklich geht"

Das ist aber nur ein Tipp. Viele Freebies entsprechen auch nicht diesem Framework, lass dich also davon nicht einschränken!

Dein primäres Ziel sollte sein, dass das Freebie so interessant klingt, dass sich die Menschen eintragen.

Danach sollte das Freebie natürlich auch halten, was versprochen wurde und am besten begeisterst du deine neuen Abonnent:innen damit, dass du sie echt ins Erstaunen versetzt, ihnen Dinge unter einem ganz neuen Aspekt präsentierst oder sie zum Lachen bringst.

Von da ab sollte es auf jeden Fall weitergehen – am besten, indem du ihnen weitere eMails schickst, in denen sie dich und dein Angebot noch besser kennenlernen.

Außerdem solltest du ihnen klar sagen, was ihr nächster Schritt mit dir ist. Im Video, im Booklet und auch in den nächsten eMails. Das kann ich nicht oft genug betonen, denn viele Anfänger:innen vergessen auf diese Handlungs-Aufforderung (auf English „Call to Action"). Und das führt dann schon zur erwähnten Annahme der Unternehmerin: „Die stauben nur alles gratis ab und dann sind sie weg!"

Wenn du ihnen nicht sagst, was als nächstes kommt und was ihr nächster Schritt mit dir sein kann, bist du selbst schuld, kann ich da nur sagen. Wenn du sie in Erstaunen versetzt und ihnen ihr Problem-Thema ganz neu aufzeigst und ihnen Hoffnung machst, dass sie es meistern können und ihnen dann aber keine Lösung zusammen mit dir anbietest, dann können sie leider gar nicht anders, als bei den Mitbewerbern zu buchen!

Das Thumbnail

Unser Unbewusstes denkt in Bildern und daher reagieren wir mit unseren Gefühlen auf visuelle Darstellungen, schon bevor wir auch nur eine Überschrift gelesen haben. Aus genau diesem Grund sollte das Bild für dein Freebie – dein Thumbnail – gut gewählt sein.

Denke daran, du willst die Menschen, die es sehen, emotional abholen. Sie sollen sich angesprochen fühlen und neugierig werden. So sehr, dass sie sich dann auch zur Freebie-Bestellung eintragen. Stockbilder von der Stange mit sich schüttelnden Händen und Puzzleteilen, die zusammenkommen rufen hierbei genauso wenige Emotionen hervor, wie 0815 Strichmännchen.

Menschen sehen gerne Menschen – und warum nicht gleich dich persönlich? Denn dann wissen sie schon, mit wem sie es hier zu tun haben. Sei auch bereit, extra für das Freebie ein Foto zu machen!

Schon klar, manche abstrakte Dinge lassen sich leichter darstellen als andere. Aber wie wäre es, wenn du etwas Typisches für das, was du im Freebie anbietest, in der Hand hältst?

 Ein kleiner Tipp: Am leichtesten mache ich schnelle Fotos, wenn ich vor meiner Webcam in ein paar verschiedenen Haltungen posiere und dann aus dem kurzen Film, den ich dabei drehe, einfach die besten Bilder als einzelne Frames exportiere.

Mock Ups (auch 3D Renderings genannt) sind ein weiterer guter Tipp. Hierzu gibt es Software, wo du sehr einfach aus einem 2D Bild, also zum Beispiel aus dem Cover deines Booklets eine Visualisierung erzeugen kannst, die aussieht, wie ein dreidimensionales Buch. Da wir heute im Online Marketing hauptsächlich virtuelle Produkte verkaufen, ist es sehr sinnvoll durch eine solche Darstellung Bilder im Kopf der potenziellen Käufer zu erzeugen – von dem was sie erhalten. Bilder von physischen Produkten sind hier sehr hilfreich. Dies funktioniert zum Beispiel mit der Software MyEcovermaker (https://myecovermaker.com/).

Am einfachsten ist es, dein Thumbnail aus einem Foto von dir und einem solchen Mockup zusammenzubasteln, so hat das Unbewusste des potenziellen Bestellers in Sekundenbruchteil nicht nur eine Vorstellung von dem, was es bekommt, sondern auch gleich von wem.

Finde die passende Überschrift

Ein Besucher deiner Eintragungsseite erfasst immer zuerst die eingepflegten Bilder (du weißt schon, ein Bild sagt mehr als tausend Worte), dann geht der Blick weiter zur Überschrift. Hier solltest du nicht lustig oder philosophisch sein, sondern sehr geradeheraus: Was bekommt man hier? Wem hilfst du wobei?

Alles, was zu lange dauert, bis es sackt, läuft Gefahr, nicht schnell genug verstanden zu werden. Wenn sich jemand auf deiner Seite nicht auskennt, dann versucht diese Person leider nicht, noch mehr Energie darauf zu verwenden, um deine Information zu verstehen, sondern sie klickt einfach auf das kleine x rechts oben.

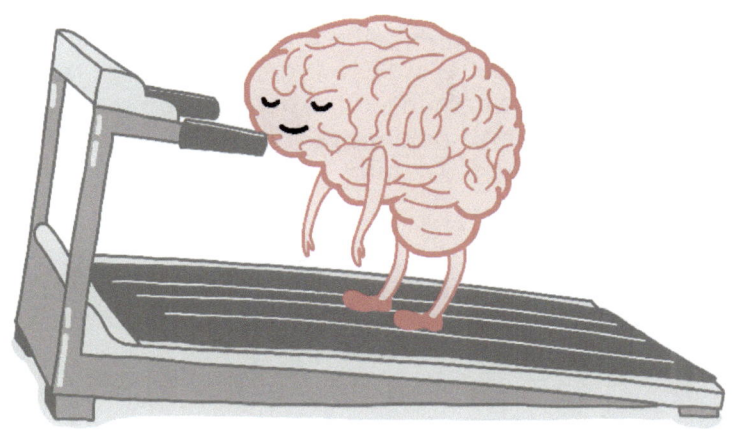

Denn die Gehirne deiner Interessent:innen (und auch deins!) mögen es gar nicht, unnötig Kalorien zu verbrennen!

Also: Sei klar und offensichtlich in deiner Botschaft, um was es hier geht und was man hier bekommt!

Die Copy: „Gedankenlesen"

Mit dem englischen Wort „Copy" wird jede Art von Werbetext benannt.

Und natürlich sollten auch die Worte, die dein Freebie anpreisen, gut gewählt sein. Viele Unternehmer:innen machen hierbei den Fehler, zu sehr in Lösungen zu denken:

Wir wissen genau, wie wir unseren Kund:innen helfen können und sind ganz gierig darauf, davon zu berichten! Die Krux hierbei ist allerdings, dass die Präsentation unserer tollen Ergebnisse lange nicht so viele Emotionen auslösen, wie wenn unser Werbetext beim jeweiligen Problem ansetzt: Die Besucher der Anmeldeseite sollten daher zuerst (zumindest ansatzweise) in den Problem-Zustand gebracht werden.

 Denn erst, wenn sie jetzt und hier das unangenehme Gefühl wahrnehmen, dass sie eine große Lebens-Baustelle haben, sind sie offen für deine Lösungsansätze.

Wichtig ist hierbei natürlich, dass du deine potenziellen Kunden gut kennst und auch verstehst, wo sie sind. Das setzt ein klares Idealkunden-Profil voraus, zu dem ich dir in jedem Fall rate. Sehr oft ist es doch so, dass du selbst dieses Problem für dich gelöst hast, bevor du Beraterin wurdest. Das heißt, du hast auch einmal in der gleichen Grube gesteckt und kannst dich noch gut erinnern, wie es dir damals ergangen ist.

Aus diesem Wissen heraus formulierst du nun am besten drei bis fünf Bullet-Points mit Aussagen über den Zustand, in dem sich deine ideale Kundin eben befindet: was sie denkt, fühlt und tut. Das kann in etwa so aussehen:

- „Hast du genug davon, dass...?"
- „Denkst du dir öfters...?"
- „Fühlst du dich manchmal...?"

Du kannst das auch in Aussagen anstatt in Fragen formulieren, so wie hier:

- „Du möchtest keinen Tag länger...!"
- „Du fragst dich öfters..."
- „Du spürst manchmal den Drang..."

Diese Fragen und/oder Aussagen, die ich „Gedankenlesen" nenne, bewirken, dass die Besucher:innen deiner Anmeldeseite in genau diesen Zustand versetzt werden und jetzt und hier das Problem wahrnehmen.

Es passiert aber auch noch etwas anderes: Sie denken sich: „Diese Expertin versteht mich!" oder „Dieser Experte muss ein Fachmann sein, wenn er so genau weiß, wie es mir geht!" Tatsächlich sagt dein Wissen über den Zustand deiner Interessent:innen selbstverständlich nicht tatsächlich viel darüber aus, ob du ihr Problem auch lösen kannst. Und doch wird das durch das „Gedankenlesen" impliziert.

Es versteht sich von selbst, dass ich diese Praxis dann nicht gutheißen kann, wenn man damit nur auf Kundenfang geht und keine tatsächliche Hilfe sein kann. Doch ich gehe freilich davon aus, dass du ein/e echte/r Expert:in bist und nicht nur falsche Hoffnungen streust. In diesem Fall wäre es schade, wenn deine Kraft zu helfen an deinem Werbetext scheitert!

Das Eintragungs-Formular

Damit sich deine Freebie Interessent:innen auch tatsächlich in deine Liste eintragen, brauchst du ein Formular. Dieses stellt dir deine Newsletter Software zur Verfügung. Meist kannst du aus mehreren Darstellungs-Formen wählen und auch ansonsten einiges, wie zum Beispiel Farbe, Schriftart und ähnliches an dein Branding anpassen. Wichtig ist vor allem auch, welche Daten du von deinen Abonnent:innen abfragst.

Hierbei gilt: Umso weniger Zeilen, desto mehr Eintragungen.

Darüber hinaus schreibt auch die DSGVO vor, keine Daten zu erfragen, die für den jeweiligen Vorgang nicht benötigt werden. Im Prinzip reicht also schon die eMail-Adresse, die du in jedem Fall für das Ausliefern des Freebies benötigst.

Nachdem ich meine Kunden duze, frage ich zusätzlich noch nach dem Vornamen. Denn es ist nach meinem Dafürhalten wesentlich persönlicher, deine Interessent:innen in eMails mit Namen ansprechen zu können. Denn den hört jeder Mensch gerne!

Ja, ich will endlich mit meinem ersten Online Kurs losstarten!

Name

eMail Adresse

Booklet jetzt bestellen ▶

Deine Daten sind bei mir sicher, es gilt der Datenschutz! Du bekommst danach weiterhin wertvolle Online Business Informationen und kannst dich jederzeit wieder austragen.

Falls du beim Sie mit ihnen bist, macht es natürlich Sinn, auch den Nachnamen abzufragen sowie das Geschlecht. Doch mehr Daten würde ich auf keinen Fall ins Formular aufnehmen.

Der Bestellbutton muss definitiv als solcher erkennbar sein. Buttons signalisieren, dass hier etwas zu tun ist (Call to Action) und daher ist es auch sinnvoll sie in einer Signalfarbe, wie gelb, orange oder rot zu halten.

Auch der Button-Text ist von Bedeutung und soll klar ausdrücken, was der Kunde hier zu tun hat und was er dafür bekommt. Hier hat sich eine Aussage in der ich-Form sehr bewährt, wie zum Beispiel: „Ja, ich möchte gerne das Booklet XY kostenlos bestellen!" oder „Ich will das Video mit den 3 Tipps jetzt kostenlos anschauen!" Das selbstverständlich immer vorausgesetzt, dass genügend Platz auf dem Button ist, denn der Text sollte kein Zweizeiler werden. Notfalls kannst du dir mit einer Überschrift über dem Formular helfen.

Als „Kleingedrucktes" füge ich immer noch unter dem Formular an, was nun weiter geschieht, also dass nach der Freebie-Bestellung weiterhin regelmäßig Post kommt, die aber jederzeit mit einem Link-Klick abbestellt werden kann. Außerdem verlinke ich auch auf meine Datenschutz-Erklärung, die man ja sowieso gemäß DSGVO haben muss und versichere, dass ich mich daran halte.

Zu guter Letzt kann es darüber hinaus noch hilfreich sein, den Blick des Interessenten auf das Formular zu leiten. Eine einfache Methode hierfür sind Pfeile oder auch Animationen.

Die Eintragungsseite

Die Webseite, auf der die Anmeldung zum Newsletter stattfindet, wird auf Englisch auch als „Opt-In Page" oder „Squeeze Page" bezeichnet.

Wichtig ist, dass du diese Seite als sogenannte Landing Page erstellst.

Landing Pages zeichnen sich dadurch aus, dass sie nicht ins Menü-Geflecht deiner allgemeinen Webseite integriert sind und durch dieses nicht angesteuert werden können. Sie dienen einem einzigen Zweck, nämlich die Besucher:innen zu einer einzigen Handlung auffordern – in diesem Fall eben die Eintragung in den Newsletter und damit verbunden die Bestellung des Freebies.

Ich weiß, damit tun sich Anfänger:innen oft sehr schwer. Der Gedanke ist in etwa folgender: „Was wenn sie das Freebie nicht interessiert, wäre es dann nicht besser, noch ein paar andere Optionen anzubieten, denn vielleicht würden sie sich dann woanders eintragen." Das klingt logisch, nur leider stimmt das nicht! Bietet man Menschen mehrere Möglichkeiten an, dann sind sie schnell mit den Entscheidungen überfordert und machen dann meist lieber gar nichts!

Bedenke: Es ist nicht so, dass sich die Besucher:innen deiner Seiten eine gute Tasse Kaffee machen und sich dann gründlich Zeit nehmen, alles genau zu studieren.

Webseiten-Klicks geschehen meist äußerst unbewusst – wir machen das mittlerweile ständig – ganz ohne vorher unser Hirn eingeschaltet zu haben. Bei unseren vielen Webseiten-Besuchen jeden Tag sind wir somit eher auf Auto-Pilot denn in einem bewussten Entscheidungs-Zustand.

Nun kommt hinzu, dass sich unser Gehirn wie gesagt gar nicht so gerne anstrengt, es tut alles, um möglichst viele Kalorien zu sparen. Ist somit die Webseite, auf die der Gehirn-Besitzer geklickt hat, verwirrend oder hält sie zu viele Optionen bereit, wird meist ganz schnell – und komplett unbewusst – gleich der Ausgang gesucht. Und der befindet sich rechts oben in Form eines kleinen x.

Alle Besucher deiner Seiten werden diese früher oder später wieder verlassen. Was du willst, ist dass sie sich – bevor sie das tun - in deine Newsletter-Liste eintragen. Denn dann hast du, wie schon erwähnt, den Fuß in der Türe, indem du die Erlaubnis hast, ihnen auch weiterhin Post zu schicken.

Früher sprach man davon, dass es sieben Berührungspunkte braucht, bis dich ein potenzieller Kunde bewusst wahrnimmt. Heute sind das noch viel mehr. Daher soll es dein Ziel sein, jemanden der einmal auf deiner Seite war, in deine Liste zu bekommen, um mehr Möglichkeiten zu haben, dieser Person über dich und dein Angebot zu erzählen.

Genau deswegen solltest du sie auf deiner Webseite nicht mit einer Vielzahl von Möglichkeiten, mit dir zusammenzuarbeiten, verwirren, sondern als erste Handlung einfach einmal ihre eMail-Adresse einholen.

Alles weitere folgt dann später. Jetzt willst du sie nur mal in deiner Liste haben. Und daher erstellst du eine eigene Landingpage für die Freebie-Bestellung.

Nachdem eine Landingpage eben nicht in dein Webseiten-Menü integriert ist, solltest du auf jeden Fall beachten, dass es bei uns eine Impressums-Pflicht gibt. Das heißt, jede Web-Seite, die du teilst, muss mit einem Link-Klick den Urheber zeigen. Das löst du, indem du im Footer-Menü eine Verlinkung zu deinem allgemeinen Impressum erstellst.

Die meisten Bausteine für deine Anmeldeseite haben wir schon erwähnt:

- Ein attraktives Thumbnail
- Eine Überschrift, die klar ansagt, was es hier gibt
- Das Eintragungs-Formular
- Des Weiteren die Bullet-Points mit dem „Gedankenlesen"

Zu einem weiteren Element rate ich dir dringend:

- Einen Countdown Timer

Diesen stellst du auf das zeitliche Ende der Eintragungs-Möglichkeit. Er signalisiert Dringlichkeit und macht dem Unbewussten deutlich, dass man hier nicht lange fackeln darf, wenn man dabei sein will. Du weißt schon FOMO = Fear Of Missing Out, die Angst etwas zu versäumen ist sehr groß!

Du hast kein Ablaufdatum, da es sich um eine Evergreen-Anmeldung handelt? Auch hierfür gibt es Lösungen: Cookie Timer, die es in vielen

Wordpress Themes oder als Wordpress Plugins gibt, lassen den Countdown starten, sobald eine Besucherin das erste Mal auf deine Eintragungs-Seite klickt!

Wichtig ist, dass sich diese fünf genannten Elemente über dem „Fold" befinden.

Die Bezeichnung „Fold" stammt noch aus dem Zeitungswesen, als man die wichtigsten Schlagzeilen über der Falte zeigte, also auf der Seite, die nach oben zeigt, wenn man die Zeitungen zum Beispiel am Kiosk stapelt. Nachdem es heute so viele verschiedene Geräte gibt, kann man den „Fold" nicht genau in Pixel definieren. Es geht hierbei um alles, was man am Bildschirm sieht (zumindest auf Computern und Tablets), bevor man zu scrollen beginnt. Dies ist der Tatsache geschuldet, dass die meisten Menschen nur dann scrollen, wenn die Information über dem „Fold" interessant und relevant für sie war.

Abgesehen von den oben erwähnten Bausteinen kannst du noch Folgendes ergänzen:

- Eine nähere Beschreibung zu dem, was man erhält (ich verwende gerne Vorschau-Bilder – siehe Bild-Beispiel)
- Testimonials von begeisterten Kunden in Text oder Video
- Eine kurze Biografie von dir
- Social Sharing Buttons

- Insignien deiner Autorität, wie „bekannt aus" oder Banner von Proven Expert oder anderen Bewertungs-Plattformen

Oft sind Anmeldeseiten zu lange und mit viel zu vielen Argumenten gespickt. Das ist meiner Meinung nach nicht notwendig und macht potenzielle neue Abonnent:innen nur argwöhnisch, warum hier so viel um des Kaisers Bart geredet wird, nur um eine eMail-Adresse zu erlangen.

Viele Wordpress-Themes haben übrigens großartige Vorlagen für die Anmeldeseite, die du dann nur auf dein Freebie abstimmen musst. Außerdem gibt es auch in diverser Newsletter Software Baukästen für Anmeldeseiten.

Es folgt nun ein Beispiel für eine solche Seite – einmal nackig und einmal mit Erklärungen.

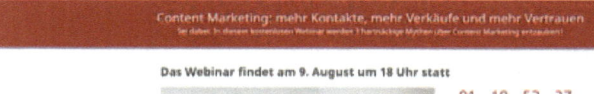

Thumbnail

Überschrift

Countdown

Formular

Button

„Klein-gedrucktes"

„Gedanken-lesen"

Fold

Vorschau-Bilder

Bio

Formular

Dein Double-Opt-In Verfahren

Wie bereits erwähnt, ist es schon seit dem Jahr 2000 Pflicht im deutschsprachigen Raum, Eintragungen in eine Newsletter Software doppelt zu bestätigen. Zuerst erfolgt die Eingabe der Daten in das Formular. Doch das könnte schließlich jemand anderer machen, der sich nur als die Person ausgibt. Aus diesem Grund wird im Double-Opt-In Verfahren nun ein eMail an die Anmelde-Adresse versendet, worin sich ein Link befindet, in dem die Anmeldung nun nochmals bestätigt wird.

Natürlich führt dieses Verfahren zu gewissen Verlusten bei den Eintragungen, da Ungeübte den Vorgang nicht kennen und ihm daher misstrauen. Andere verstehen nicht, was sie tun sollen und zudem landet natürlich ein gewisser Prozentsatz dieser Bestätigungs-Mails in den Spams, wo sie dann oft übersehen werden. Du musst also leider durch diesen Vorgang mit einem Verlust an Eintragungen im Bereich von ein paar Prozent rechnen.

Um diesen möglichst klein zu halten, solltest du dein Double-Opt-In Verfahren sehr klar halten. Oft gibt es von deinem Newsletter Software-Anbieter hier bereits ein Standardmail und dazu eine Standard-Webseite. Professioneller sieht es klarerweise aus, wenn es dein Branding trägt. Wichtig ist, sowohl im eMail, als auch auf der entsprechenden Webseite, zu erklären, dass der Link-Klick unbedingt nötig ist für die Auslieferung deines Freebies.

Es folgen Beispiel für die Double-Opt-In Seite und das entsprechende eMail:

Fast geschafft! Bitte noch bestätigen!

Bitte bestätige deine Anmeldung, sonst darf ich dich nicht kontaktieren:

➡ Gehe jetzt zu deinem eMail Postfach.

➡ Öffne die eMail, die du eben von mir erhalten hast.

➡ Klicke auf den Bestätigungs-Link.

...und dann geht's los!

Hallo testy,

vielen Dank für deine Anmeldung!

Bitte bestätige deine eMail Adresse durch einen Klick auf den folgenden Button,
anschließend kann ich dir weitere Informationen zukommen lassen.

eMail Adresse bestätigen

Liebe Grüße,
Meike Hohenwarter, MSc

Meike Hohenwarter, Karl Lothringerstraße 81/49, 1210 Wien, Austria
www.meikehohenwarter.com - info@meikehohenwarter.com
Datenschutz | Impressum | Abmelden

Hier kommt das Freebie!

Nach dem erfolgreichen Durchwandern des Double-Opt-In Verfahrens findet nun unmittelbar und voll automatisiert die Auslieferung des bestellten Freebies statt.

Am besten lieferst du doppelt aus. Erstens mit einer direkten Umleitung auf die Download-Seite. Zusätzlich solltest du auch ein entsprechendes eMail automatisiert abschicken. Denn: Würdest du nur auf die Seite leiten, hätte der Abonnent keinen Zugang mehr, sobald er den Computer runterfährt oder den Tab schließt. Bei ausschließlichem eMail-Versand besteht wie immer das Risiko, dass das Mail im Spam landet.

Auf dieser Auslieferungsseite befindet sich nun ein Link zum Download beziehungsweise der Stream eines versprochenen Videos. Darüber hinaus eignet sich die Produktseite auch für ein weiteres Angebot (jetzt, wo die Person eben „ja!" zu dir gesagt hat!) oder auch für einen sogenannten „Authority Amplifier", wie ich in Kürze noch erklären werde.

Der Beginn einer wunderbaren Freundschaft!

Mache nicht den Fehler, anzunehmen, dass nun alles in trockenen Tüchern ist und du nichts mehr zu tun brauchst!

Gehe mal kurz in dich und überlege, wie oft du dir ein Freebie bestellt hast und das kostenlose Video niemals angeschaut hast, oder dir zum

Beispiel ein eBook zwar abgespeichert oder sogar ausgedruckt hast, es aber nie durchgelesen hast. Auch andere haben viel zu wenig Zeit!

So viel Mühe du dir auch mit deinem Freebie gegeben haben magst, Garantie, dass es auch wirklich konsumiert wird, hast du keine. Du kannst nur die Wahrscheinlichkeit erhöhen und das tust du, indem das Auslieferungs-Mail nicht das letzte Mal war, dass die neue Abonnentin von dir gehört hat.

Ein Freebie ist ein guter Start für eine ausführliche Willkommens-Sequenz! Mit der richtigen Newsletter-Software ist es ein Leichtes, nun eine Serie von automatisierten eMails zu starten, in der dich dein neuer Interessent näher kennenlernt. Gib ihm die große Tour: Führe ihn mit Storytelling in deine Facebook-Gruppe, deinen Youtube-Kanal und deine About-Seite und wo immer sonst noch Interessantes von dir zu sehen ist.

Und natürlich ist es auch großartig, wenn du dein Kauf-Angebot, das du im Freebie gemacht hast, mehrfach wiederholst!

Profi-Tipp: Verstärke deine Autorität!

Wir haben alle viel zu wenig Zeit und sind bemüht, sie nicht zu verschwenden. Wenn du denkst, bei einem Freebie gibt die Interessentin „nur" die eMail-Adresse, dann ist das so nicht ganz richtig, denn dieser Mensch spendet dir auch wertvolle Lebenszeit.

Jemandem, von dem man eben das erste Mal gehört hat, 90 Minuten für ein Webinar zu schenken, sollte somit gut überlegt sein. Aus dem gleichen Grund werden sich eventuell nicht viele Menschen in eine zehnteilige Videoserie eintragen – selbst, wenn diese kostenlos ist.

Andererseits suchst du als Unternehmer:in natürlich möglichst viele und intensive Zusammenkünfte mit neuen Menschen, um dich in ihr Gehirn zu brennen und als Expert:in bei ihnen wahrgenommen zu werden.

Wie kannst du also den Spagat bewältigen, dass du bei etwas schnell Konsumierbarem, wie einer Checkliste, zwar verhältnismäßig viele Eintragungen hast, aber wenige diese auch wirklich ansehen, geschweige denn sich an dich erinnern – und du auf der anderen Seite mit einem Webinar oder einer längeren Video-Serie zwar viel mehr Möglichkeiten hast, Menschen wirklich von dir zu überzeugen, sich auf der anderen Seite aber lange nicht so viele Leute hierzu eintragen?

Hier kommt nun der „Authority Amplifier" – zu Deutsch „Autoritätsverstärker" ins Spiel: Du bietest ein schnell und einfach konsumierbares Freebie, wie zum Beispiel ein kurzes Video oder eine Checkliste an. Somit ist garantiert, dass du relativ viele Eintragungen erlangst.

Und jetzt kommt's: Auf der Auslieferungsseite findet sich dann aber nicht einfach nur das bestellte Digitale Produkt, sondern auch ein Video, wo du dich zeigst und die Besteller durch das Freebie führst, also zum Beispiel den Gebrauch der Checkliste erklärst. Somit ist nicht nur garantiert, dass das Freebie tatsächlich wahrgenommen wird, sondern man lernt auch dich als Person und Expert:in näher kennen.

Nach der kurzen Erklärung lädst du nun zu einem weiteren, längeren Freebie, wie zum Beispiel einem Auto-Webinar ein. Somit hast du mit diesem simplen Schachzug zwei Fliegen mit einer Klappe geschlagen: Du hast die Maximal-Anzahl von Eintragungen und im Anschluss zugleich noch die Möglichkeit, dich jenen ausführlicher zu präsentieren, die dazu bereit sind. Keine Frage, dass du in einem Webinar auch bessere Verkäufe erzielen wirst.

Hier ein Beispiel: Bei der Bestellung meines Booklets „Online Kurs NOW!" wird die Bestellerin nach dem gesetzlichen Double-Opt-In Verfahren auf eine Seite geführt, die einen Download-Button für das gewünschte Booklet enthält. Weiters befindet sich aber auf der Web-Page auch ein kurzes Video von mir, das in knappen drei Minuten erklärt, worum es im Booklet geht, aber auch auf ein kostenloses Online Training einlädt. Der Button unter dem Video führt dann direkt auf die Anmelde-Seite für das entsprechende Auto-Webinar.

Nach dem Button-Klicken landen die Angemeldeten auf folgender Seite:

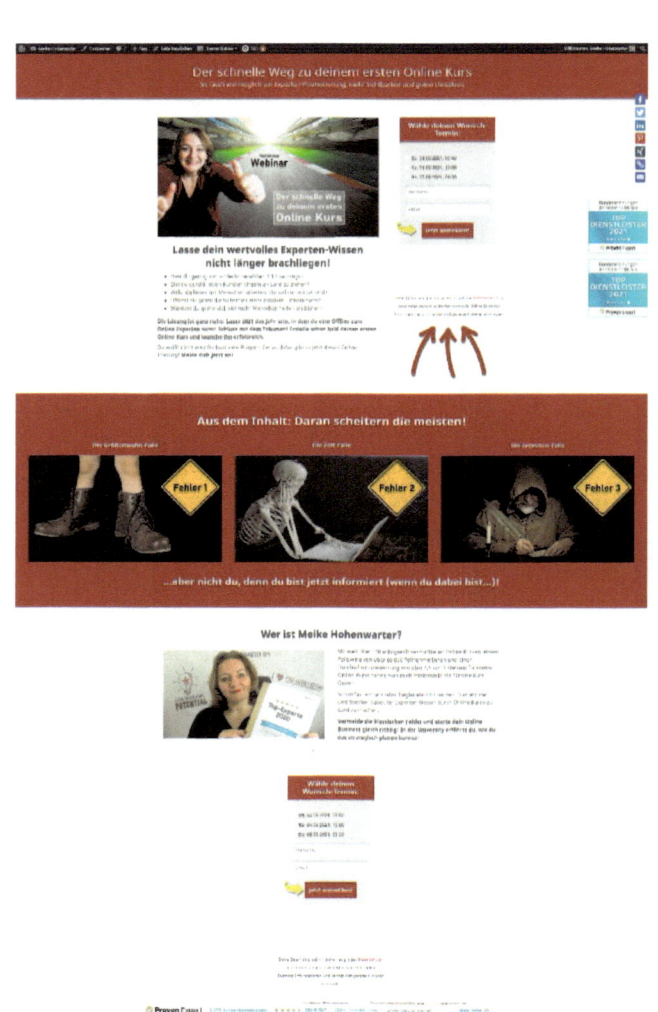

Eine weitere Möglichkeit, deine Autorität zu verstärken und den Auftakt für ein langes Gespräch zu starten ist schlichte „Overdelivery" – also mehr zu liefern, als versprochen wurde.

Wenn dein Freebie zum Beispiel ein Video mit einem ganz speziellen Tipp von dir ist, spricht nichts dagegen, dass du nach dem einen Video nicht aufhörst: Sage einfach am Ende des Videos, dass das nur der erste von sieben ganz sensationellen Hacks ist, die du immer anwendest, und dass du im Laufe der restlichen Woche sechs weitere Videos mit den restlichen Tipps schicken wirst. All jene, denen dein erstes Video zugesagt und vielleicht sogar schon geholfen hat, werden dranbleiben. Und wer nicht will, kann sich ja jederzeit austragen, das ist das Gute an der DSGVO.

Webinare: Das besondere Freebie

Ich weiß, ich habe dir geraten, nicht gleich als erstes Freebie ein Webinar zu erstellen. Und doch will ich dir hier die besonderen Vorteile eines Webinars kurz schildern, sodass du eventuell in einem halben Jahr bis Jahr ein solches planst.

Wie schon erwähnt, hast du in einer guten Stunde viel mehr Möglichkeit, dich in Szene zu setzen und deine Expertise zu zeigen, als in einer kurzen Checkliste. Zudem hat ein didaktisch geplantes und strategisch geführtes Webinar auch den Rahmen, um gute Verkäufe zu erzielen.

Und trotzdem sehe ich – im Gegensatz zu vielen anderen Online Unternehmer:innen – ein Webinar nicht in erster Linie als Verkaufs-Tool.

Im Prinzip erfüllt es drei Zwecke. Der erste ist die Eintragung, also die Vergrößerung deiner Liste. Leider erscheint nur zirka ein Drittel bis Viertel der Angemeldeten tatsächlich zum Vortrag. Bei ihnen hast du nun, die Möglichkeit, sie von kalten zu warmen Kontakten zu machen: Nach dem Webinar sollten sie deinen Namen nicht mehr vergessen und auch eindeutig von deiner Expertise überzeugt sein. Erst der dritte Zweck eines Webinars ist es (in meinen Augen), dann auch gute Verkäufe zu erzielen.

Aber Achtung: Mit dem Abhalten des Webinares alleine ist es nicht getan! Zu einem Webinar gehört dringend eine ganze Serie an eMails, sonst klappt es nicht! Deine potenziellen Kund:innen haben alle auch ganz viel anderes am Tablett. Egal wie wichtig dir dein Webinar ist, für sie ist es nur ein weiterer Punkt auf der Agenda (bis du sie restlos begeistert hast!).

Du musst also alle, die sich angemeldet haben, mehrfach daran erinnern, dass das Webinar bald stattfindet. Ich mache dies meist am Tag davor, zirka zwei Stunden vorher und dann noch einmal kurz vor Beginn.

Sei dir bewusst, dass du auch jedes Mal wieder den Vorteil und Nutzen des Webinars mitverkaufen musst. Sage deinen Teilnehmer:innen, auf was sie sich freuen dürfen und inwieweit ihnen das Webinar bei ihren aktuellen Problemen helfen wird. Schicke auch jedes Mal wieder den Link in den Webinar-Raum mit, damit sie nicht suchen müssen.

Jenen, die nicht erschienen sind, solltest du einen weiteren Webinar-Termin anbieten oder aber einen Link zur Aufzeichnung schicken.

Last but not least ist es natürlich ein Irrglaube anzunehmen, dass du dein Produkt hauptsächlich direkt auf dem Webinar verkauft bekommst. Ja, die restlos begeisterten kaufen noch während das Webinar läuft, das kannst du mit diversen Frühbucherboni auch noch forcieren. Doch Entscheidungen fallen den meisten Menschen schwer und daher ist es unerlässlich, dass dein Webinar-Angebot eine Deadline hat, nach der es dieses Produkt nicht mehr zu diesem Preis oder mit diesem Bonus gibt.

Und darauf musst du bis zur letzten Minute in mehreren eMails hinweisen. Du wirst sehen, die meisten Menschen kaufen fünf Minuten vor zwölf!

Auto-Webinare: Die Evergreen-Lösung

Neben Live Webinaren gibt es übrigens auch Auto-Webinare. Das sind im Prinzip Videos, die aber (durch die Nutzung einer entsprechenden Software) zu einer ganz bestimmten, von der Teilnehmerin individuell gewählten Zeit – ablaufen.

Der große Vorteil gegenüber der Auslieferung von Videos ist, dass sich die Kundin einen ganz bestimmten Termin gewählt hat, den sie bestenfalls sogar in ihren Terminkalender eingetragen hat. Das ist mehr Commitment als beim unverbindlichen Betrachten von Videos.

Zum gebuchten Zeitpunkt läuft dann dieses Video als Webinar und lässt sich weder stoppen noch zurückspulen. Das bedeutet, dass plötzliche

Störungen hintan gereiht werden müssen – anstatt ihnen wie bei der Konsumation von Videos üblich – den Vorrang zu geben.

Ein Auto-Webinar wird also mit größerer Wahrscheinlichkeit angeschaut als ein Video. Und wenn es gut ist auch bis zum Ende, wo normalerwiese die Verkaufs-Pitch stattfindet.

Durch die Anmeldung findet darüber hinaus eine Eintragung in die eMail-Liste statt – was ja bei der Konsumation von Videos auch nicht der Fall ist. Und genau wegen dieser Eintragung ist es auch möglich, die oben erwähnten Follow Up eMails für den Verkauf zu schicken. Du siehst also, ein Auto-Webinar hat viele Vorteile.

Oft werde ich gefragt, ob es denn nicht überhaupt besser sei, Auto-Webinare laufen zu haben, anstatt Live Webinare abzuhalten. Ich mache beides, da jedes seine eigenen Vorteile parat hält. An Auto-Webinaren ist besonders angenehm, dass ich sie einmal einrichte (was allerdings ehrlich gesagt schon sehr viel Arbeit macht) und dann laufen sie und laufen sie und laufen sie, genau wie der Duracell-Hase. Das heißt, wenn dein Webinar gut ist, hast du eine Maschine, die dir stetig Eintragungen bringt, kalte Kontakte in warme umwandelt und dir Verkäufe beschert.

Auf der anderen Seite ist live eben live und kann durch nichts ersetzt werden. Auf einem Live Webinar gehst du auf die Fragen des Publikums ein, baust durch die gleichzeitige Anwesenheit aller Teilnehmer:innen viel mehr Energie auf und kannst so wesentlich mitreißender sein – und auch zu einem viel höheren Preispunkt verkaufen.

Ich setze daher auf beides und habe schon seit fast zehn Jahren zu jedem Zeitpunkt mindestens ein Auto-Webinar laufen - und halte trotzdem auch ein bis zwei Mal im Monat ein Live-Webinar. Darüber hinaus kann man mich auch im Rahmen diverser Events immer wieder live besuchen.

 Ich halte übrigens überhaupt nichts davon, ein Auto-Webinar, wie ein Live Webinar wirken zu lassen. Man sollte mit seinen Interessenten ehrlich sein und ihnen keinen Bären aufbinden.

Viele meiner Kund:innen fürchten sich davor, Live Webinare abzuhalten und vermuten daher den einfacheren Weg, gleich ein Auto-Webinar zu erstellen. Denn hier ist man vor vielen Eventualitäten und Technik-Ausfällen gefeit.

Ich rate ihnen trotzdem dazu, eine Webinar-Karriere live zu starten, da der direkte Kontakt mit den Kunden wichtige Erfahrung bringt. Welche Fragen werden gestellt, was ist nicht so ganz klar und was gefällt den Teilnehmer:innen besonders gut?

Alles gleich aufzunehmen, ohne je Publikum gehabt zu haben, ist hingegen ein Blindflug, der sich wahrscheinlich in einer hohen Dropout Quote niederschlagen wird. Es ist immer besser, zu einem Webinar schon echtes Feedback erhalten zu haben, bevor man es als Evergreen konserviert.

 Halte ein neues Webinar mindestens fünf Mal live ab, verbessere es jedes Mal. Frühestens dann kannst du es auch als Auto-Webinar aufnehmen!

Social Media Marketing versus Content Marketing

Wie viel Social Media braucht dein Online Business?

Wenn ich erzähle, dass ich im Online Business bin, dann löchern mich meine Gesprächspartner plötzlich mit Fragen zu Instagram, Facebook und Linkedin, denn für viele Menschen ist ein Online Business ganz klar mit einer Omnipräsenz auf Social Media verwoben.

Doch das muss nicht sein: Obwohl ich ein äußerst gutgehendes Online Kurs Geschäft betreibe, bin ich die Letzte, die sich ständig auf diversen Plattformen herumtreibt. Ganz im Gegenteil: Dass ich etwas fotografiere und ein paar Zeilen dazu schreibe und das Ganze dann ins Netz stelle, kommt nur wenige Male im Monat vor. Die meiste Zeit des Tages weiß ich noch nicht mal, wo mein Handy ist!

Ich kann diesem ganzen Herumgeposte nach wie vor nicht viel abgewinnen. Als strenge Hüterin meiner Zeit achte ich sehr darauf, womit ich meine Minuten und Stunden verbringe. Durch den Newsfeed zu scrollen gehört definitiv nie dazu. Wäre ich nicht selbständig, ich glaube ich wäre bis heute nicht auf Facebook, so wenig erfüllt mich das.

Und doch will ich überhaupt nicht darüber schimpfen, ich nutze die Sozialen Netzwerke nur anders als die meisten Menschen. Für mich sind das alles ganz klar reine Ausgangsboxen und kein Dateneingang.

Die Mehrheit der Menschen sind Content-Konsument:innen, nur wenige hingegen -Produzent:innen.

Wenn du beides bist oder gerade von ersterem zum zweiten wechselst, dann will ich dir das überhaupt nicht ausreden. Wenn es dir Freude bereitet, dein Leben auf den Plattformen zu teilen, dann mache das auch.

Doch lass dir nicht, wie Rita in der Geschichte zu Beginn des Buches, einreden, dass du das tun musst, um online erfolgreich zu sein. Und führe dich auch nicht selbst an der Nase herum, indem du glaubst, viele Stunden am Tag für dein Business auf Social Media sein zu müssen.

Was ist eine echte Expertin?

Gehen wir mal weg von der Online Business Welt: Wenn du gefragt wirst, was eine echte Expertin ist, würdest du dann sagen, jemand der täglich über sein privates Leben berichtet und Fotos von Kind und Hund teilt? Wohl kaum.

Zu einem wahren Expertentum fallen uns wohl eher veröffentlichte Fachartikel und -bücher, Vorträge vor großem Publikum oder diverse Ehrungen ein. Echte Expert:innen sprechen zu ihrem Thema und nicht über sich. Sie klären auf und sind bestrebt, möglichst vielen Menschen ihre Erkenntnisse verständlich zu machen.

Und das bringt mich wieder zurück zum schon erwähnten Content Marketing. Content bedeutet Inhalt und dementsprechend verwendest du dein Fachwissen, um als Expert:in bekannt zu werden. Hierzu empfiehlt es sich, dir eine Drehscheibe zu finden. Sehr oft ist das heute ein Wordpress Blog. Dort veröffentlichst du regelmäßig passende Artikel zu deinem Thema. Heute kann das auch ein Vlog (ein Video-Blog) sein, wo du das Medium Schrift mit dem Medium Film verbindest.

Eine weitere Möglichkeit ist es, einen eigenen Podcast zu starten, das ist so etwas, wie eine eigene Radio-Sendung. Hier kannst du besonders gut auch Gäste einladen, die dann natürlich auch ihren Gast-Auftritt teilen und dich dadurch wiederum neuen Menschen zeigen.

Durch das regelmäßige Teilen deiner Beiträge wirst du so immer mehr Menschen bekannt und dein Blog untermauert, dass du viel zu deinem Thema zu sagen hast. Darüber hinaus kann bei einem Blog auch kommentiert werden und der Artikel geteilt werden, ähnlich wie auf den Social Media Plattformen.

Wie nachhaltig ist dein Geschäft?

Was mich am Online Business immer schon fasziniert hat, das ist die große Nachhaltigkeit, mit der man dieses Geschäft aufbauen kann. Man macht sich einmal viel Arbeit, um automatisierte Prozesse aufzusetzen. Und ja, es gibt wirklich viel zu tun. Jeder, der dir etwas anderes erzählt, bindet dir einen Bären auf. Doch wenn die Prozesse einmal etabliert sind (wie zum Beispiel das oben erwähnte Auto-Webinar mit all seinen dazugehörigen Webseiten und Auto-eMails), dann läuft es und läuft und läuft. Oft musst du nur dann etwas überarbeiten, wenn sich generell an deinem Geschäft oder Angebot etwas geändert hat.

Warum also bittschön sollte ich so wahnsinnig sein und mir die Arbeit machen, mir täglich Texte aus den Fingern zu saugen, um sie dann auf Social Media zu stellen. Nochmals: Falls dir das Spaß macht, dann tue es. Aber wenn es dir keine Freude bereitet, dann lass es doch sein! Ein echtes Expertentum zeigt sich nicht in täglich mehreren belanglosen Posts, die einen halben Tag später schon tief im Newsfeed verschwunden sind.

Lass uns einen Social Media Beitrag mit einem Blog-Post vergleichen, um dir deren Halbwärtszeit bewusst zu machen: Sofern dein Beitrag auf Facebook nicht viral geht, wird er schon wenige Stunden später einfach alt sein. Ganz anders mit einem Blog-Artikel, den du auf deiner Wordpress-Seite hostest: Dieser wird immer mehr wert, desto öfter er aufgerufen wird, denn Google erkennt, dass hier relevante Informationen angeboten werden.

Und genau das ist mein Nachhaltigkeits-Rezept, das ich hier an dich weitergeben will: Anstatt dir ständig etwas auszudenken, was du auf Social Media schnell mal postest, schreibe lieber jede (oder auch nur jede zweite) Woche einen professionell strukturierten und gut recherchierten Artikel für deinen Blog. Oder nimm eine Podcast-Folge auf, was auch immer dir lieber ist.

Und dieses ernsthafte Kunstwerk voller Herzblut nimmst du dann und teilst es über deine diversen Plattformen.

Und das machst du nicht nur einmal, sondern immer wieder.

 Dein Blog-Artikel und Podcast-Folgen teilst du nicht nur zum Erscheinungs-Datum, sondern strahlst sie in regelmäßigem Abstand immer wieder über Social Media aus!

Das bedeutet, du musst dir nicht ständig etwas Neues ausdenken, sondern teilst dein wirklich wichtiges Fachwissen kontinuierlich und wirst dadurch auch auf Google immer höher gerankt.

Automatisieren, was geht!

Und jetzt kommt das Beste: Auch das musst du nicht von Hand machen, sondern kannst dir einfach ein sogenanntes Scheduling Tool zulegen. Ich bin auf CoSchedule (https://coschedule.com/), es gibt aber auch viele andere Programme, wie zum Beispiel HootSuit oder MeetEdgar um kleines Geld.

In dieser Software legst du einmalig eine Vorlage für die Aussendung deines Blog-Artikels an all deine Social Media an. Bei mir ist das eine Aussendung über 30 Tage, an denen ich täglich auf anderen Kanälen den Blog-Artikel poste. Im Einzelnen sind das meine Facebook Seite, diverse Facebook Gruppen, Linkedin, Twitter und Instagram. Und dann klickt du auf den Start-Button und schon teilt dieses Tool deinen Fachartikel auf deinen Plattformen. Heute auf deiner Facbook-Seite, morgen auf Twitter, übermorgen auf Instagram – ganz so, wie du es in der Vorlage eingegeben hast.

Wenn das dann irgendwann zu Ende ist, braucht es nur einen Klick, um dieses Werkl von neuem zu starten – und das machst du natürlich mit jedem deiner Blog-Artikel so. It's magic!

Hier ein Blick in meinen CoSchedule-Kalender. Du siehst, dass meine Nachrichten täglich an viele verschiedene Plattformen ausgeliefert werden, ganz ohne Heinzelmännchen, die das täglich befüllen:

Verstehst du jetzt, wenn ich sage, ich teile so gut wie nie Posts direkt von meinem Telefon oder Computer? Das wird für mich gemacht – und ich brauche dazu noch nicht einmal eine virtuelle Assistentin! Die Investition in das CoSchedule Plugin liegt übrigens unter 30 Euro im Monat!

 Tipp: Wenn du mehr über die Verwendung von CoSchedule und das Anlegen eines Redaktionskalenders für dein Content Marketing erfahren willst, dann gibt es hierfür einen eigenen Online Kurs (https://www.meikehohenwarter.com/lp-content-marketing) von mir: „Content Marketing Made Simple".

Wie gesagt bin ich ins Online Business gegangen, um immer effizienter zu arbeiten. Glaube mir: Wenn mein Erfolg davon abhängig wäre, dass ich mich zehn Mal am Tag auf Social Media zeige, dann würde ich etwas anderes machen. Denn das bringt mir persönlich so gar keine Befriedigung, sondern nur jede Menge Stress. Ich gebe mein Wissen wirklich gerne und bereitwillig weiter, aber ich bin wohl zu wenig exhibitionistisch und/oder extrovertiert, um mein Privatleben mit mir Unbekannten zu teilen.

Genau aus diesem Grund tue ich aktiv gar nichts dazu, dass meine diversen Profile wachsen. Ich bin auf den wichtigsten Plattformen vertreten und mein Scheduling Tool liefert dort regelmäßig meine Artikel aus. Diese bestehen bei mir immer aus Text, Audio (mein Podcast) und Video (diese findest du auch auf einer Youtube-Playlist).

Trotz dieser Passivität meinerseits wächst auch bei mir die Anzahl meiner Social Media Kontakte stetig an, wenn auch nicht ins Unermessliche. Mein Business soll in mein Leben passen und nicht umgekehrt. Ich will mich nicht verbiegen – und der Erfolg gibt mir recht!

Listenaufbau mit Facebook-Gruppen?

Das bringt mich jetzt noch zu einem Thema, zu dem ich sehr häufig gefragt werde: „Soll ich Kontakte in einer Facebook-Gruppe sammeln?"

Der Listenaufbau mit einer Facebook-Gruppen ist eine gängige Methode, die oft gelehrt wird, vor allem im Hochpreis-Coaching. Die Idee dahinter ist es, alle Interessent:innen zuerst in eine Facebook-Gruppe zu führen, von wo aus dann die Webinare und anschließenden Erstgespräche beworben werden, die schließlich zum Premium-Verkaufsabschluss führen.

Ich habe dir schon ausführlich geschildert, dass ich die Eintragung in die Newsletter Software als oberstes Ziel sehe – schon alleine, weil wir auf Social Media nur Gäste sind und nicht wissen, ob wir morgen noch Zugang zu unseren dortigen Kontakten haben.

Ich möchte die Frage einmal aus einem anderen Blickwinkel beleuchten: In wie vielen Facebook Gruppen bist du? Zu welchen davon fühlst du dich auch tatsächlich zugehörig? Warum ist es so, dass du dich bei jenen echt als Member fühlst?

Also ich behaupte einmal, dass du dich vor allem dann voll als Mitglied fühlst, wenn die Facebook Gruppe zu einem Programm gehört, für das du auch etwas bezahlt hast. Ich habe mehrere solcher Gruppen und kann dir sagen, dass diese die aktivsten und committetsten sind.

Gruppen, die hauptsächlich aus Mitgliedern bestehen, die noch nie gekauft haben, sind meines Erachtens nach dann erfolgreich, wenn sich dieser Gruppen-Administrator „einen Haxen ausreißt", um dich gut zu unterhalten.

Es gibt genügend Kurse, wo du lernen kannst, wie du deine Facebook Gruppe so moderierst, dass du möglichst viel Feedback bekommst. Mit regelmäßigem Fragen-Stellen, lustiger Unterhaltung, der Möglichkeit, für's eigene Business zu werben und so weiter.

Meine Meinung: Wenn dir das liegt, dann mache das. Ich hingegen möchte mir nicht wöchentlich den Kopf darüber zerbrechen, wie ich Leute bespaße und bei Laune halte, die allesamt noch nicht bei mir gekauft haben. Meine Zeit verbringe ich lieber mit jenen Menschen, die nicht Unterhaltung, sondern Anleitung von mir haben wollen.

Auch hier halte ich es mal wieder ganz anders als ein Großteil meiner Online Kolleg:innen: Natürlich habe ich eine allgemeine Facebook-Gruppe für meine diversen Launches, Challenges und Kongresse. Doch das Programm, das es hier spielt, erinnert an den Film „Die Wüste lebt". Die meiste Zeit ist da nicht viel zu sehen. Denn ich poste nicht einfach nur um des Postens willen. Und wenn man keine Fragen stellt, bekommt man auch wenige Antworten.

Und dann kommt ein Event und plötzlich ist viel los. Das geht dann über ein bis zwei Wochen so und dann ist wieder Schluss.

Ich sage etwas, wenn ich was zu sagen habe, ansonsten schweige ich – und die Gruppen-Teilnehmer:innen halten das genauso. Und es funktioniert super. Ich fühle mich nicht als Animateuse oder Klassenclown und trotzdem bekommt jeder Antwort, wenn er Fragen in der Gruppe stellt. Hierzu habe ich im Übrigen auch meine Assistentinnen zur Unterstützung, denn ich schaue ja nicht so oft auf Social Media!

Wo teile ich mein Freebie?

Täglich grüßt das Freebie

Als ich mit Anfang 20 meine ersten Erfahrungen als Selbständige (im Network Marketing) sammelte, bekam ich jede Menge Informationen darüber, wie Verkauf funktioniert. Vieles, was den Listenaufbau betrifft, war mehr als abstoßend. Du weißt schon, das Abklappern von Freunden und Verwandten und der Auftrag auch wirklich mit jedem ein Gespräch über deine tollen Produkte zu führen. Das sind für mich genau die Taktiken, die dem Begriff „Verkauf" einen anstößigen Touch geben. Jeden, der nicht schnell genug auf dem Baum ist zwangszubeglücken, lässt beide Seiten mit eingekringelten Zehnnägeln zurück. Wie viel peinlicher kann ein Gespräch überhaupt noch sein? So also nicht. Wie dann?

Zwei gegensätzliche Strategien sind das Pull- versus das Push-Marketing. Du kannst dir schon denken, worüber ich hier oben eben berichtet habe. Hier wird gepusht. Push heißt „drücken". Du hast sicher schon das Wort Drückerkolonnen gehört, wo mit viel Druck Abschlüsse erzielt werden, die die Käufer oft schon Sekunden nach dem Kauf bereuen.

Pull heißt „ziehen" und dabei geht es um magnetische Anziehung. Anstatt Menschen auf die Zehen zu steigen und sie mit mehr oder weniger lauteren Methoden gefügig zu machen, bist du so attraktiv, dass sich Menschen zu dir hingezogen fühlen.

Auch hier sprichst du täglich über dein Geschäft, aber eben nicht, indem du Druck auf Einzelne ausübst, sondern indem du begeistert berichtest, wie es dir mit deinem Angebot geht, was es Gutes für deine Kunden getan hat, wie der Zielzustand aussehen könnte - und eben auch mit dem schon erwähnten „Gedankenlesen", das deine Interessent:innen wissen lässt, dass du genau weißt, was sie denken, fühlen und tun. Und das Ganze ist eingebettet in jede Menge super Content.

Du setzt niemandem einzeln die Pistole an die Brust, sondern berichtest einfach auf deinen Plattformen: Deinem Blog, Podcast, Youtube und Social Media. So fühlt sich niemand unter Druck gesetzt und die Interessent:innen haben das Gefühl, dass sie ganz alleine die Entscheidung getroffen haben, bei dir zu kaufen, oder sich in ein Freebie einzutragen.

Damit das aber passiert – und auch das habe ich meinen Network Marketing Anfängen verstanden – musst du kontinuierlich und täglich deine Botschaft nach draußen bringen! Und das geschieht viel zu selten.

Ich kenne genügend Unternehmer:innen, die zwar gerne ein Online Business hätten, es aber nach Wochen und Monaten noch immer nicht geschafft haben, ihr erstes Freebie zu erstellen. „So wird das nichts!", kann ich dazu nur sagen.

Leider gibt es mindestens genauso viele Selbständige, die zwar ein Freebie ihr Eigen nennen, aber glauben, nur weil sie es auf ihre Webseite gestellt haben, ist schon genug getan.

Nein, so geht das nicht! Das ist zwar ein ganz netter Anfang, aber weißt du eigentlich, wie viele Leute deine Homepage täglich besuchen?

Also bei den meisten Coaches und Trainer:innen ist die Besucherzahl unterirdisch gering, ich spreche da gerne von der Mama und der netten Frau Nachbarin als einzige Besucherinnen…

 Ein Freebie zu erstellen und es dann nicht täglich zu bewerben ist ein Kardinalfehler, der dich sehr viel Geld kostet.

Was kannst du also tun, damit du täglich mehrere Eintragungen hast und somit deine Liste einen immensen Wachstum erfährt?

Auch wenn Online Business Anfängern hierzu oft nicht sonderlich viel einfällt, kann ich nur betonen, dass es tatsächlich fast keine kreativen Grenzen gibt. Wenn du erst mal so richtig in die Online Welt eintauchst, wird es dir leichtfallen, täglich neue Wege zu finden, um dein Freebie auf immer weiteren Plattformen zu teilen. Es folgen nun ein paar Anregungen.

Grob kannst du in den folgenden Kategorien brainstormen:

- **Webseiten**
- **eMail**
- **Social Media**
- **Affiliates**
- **Kooperationen**
- **Events**
- **Offline**

Lass uns nun etwas mehr ins Detail gehen.

Webseiten

Deine Startseite

Dass deine Eintragung ins Freebie auf einer Landingpage eingebettet sein soll, hatten wir weiter oben schon besprochen. Und trotzdem spricht umgekehrt überhaupt nichts dagegen, diese Seite auch auf deiner Homepage zu bewerben. Am besten eignet sich hierfür die Startseite, wo du schon über dem Fold einen kurzen Text plus Button einfügst, der dann auf deine Freebie-Eintragungsseite linkt. Auf diese Weise haben alle Besucher deiner Webseite die Möglichkeit, sich gleich auch in deine eMail-Liste einzutragen.

Siehe auch folgendes Bild-Beispiel von meiner aktuellen (Stand 2021) Start-Seite, wo sofort die kostenlose Bestellung eines Booklets angeboten wird:

Dein Blog

Wie schon erwähnt, finde ich es für die Unterstreichung deiner Expertise unerlässlich, dir einen Content Hub aufzubauen – also eine Plattform, wo du regelmäßig deinen guten Content in Form von Tipps, Interviews, Marktstudien, Checklisten und ähnlichem teilst.

Zumeist ist es am sinnvollsten, hierzu einen Wordpress Blog zu starten. Das ist schnell eingerichtet und es ist keine Hexerei, diesen auch selbst mit Content zu befüllen. Hierzu kannst du nur Artikel schreiben oder diese auch mit Video- oder Audio-Beiträgen ergänzen.

Strategisch unklug wäre es, deine wertvollen Inhalte auf diese Art kostenlos zu teilen, ohne auch gleichzeitig eine Eintragung in deine Liste zu bewirken. Du weißt schon: Keinen Content rausgeben ohne klares Ziel dahinter! Aber das musst du auch nicht, die Lösung ist ganz einfach:

Du integrierst deine Freebie-Eintragungsseite in den Blog! Das machst du mit einem Banner im Fließtext oder im Sidebar, je nachdem, wie deine Blog-Seite vom Design her aufgeteilt ist. Unter diesen Banner hinterlegst du dann den Link zur Eintragungs-Seite.

> Mein spezieller Tipp hierzu, den mir schon viele nachgemacht haben, ist es, das Wordpress-Element für den Banner „global" zu speichern. Das ist bei vielen Wordpress Themes, wie zum Beispiel dem Beaver Builder, mit dem ich arbeite, möglich. (https://www.meikehohenwarter.com/beaver). Eine „globale" Speicherung bedeutet, dass wenn ich dieses Element an einer Stelle ändere, es überall, wo es eingebettet ist, ebenfalls geändert wird. So verweist jeder meiner Artikel stets auf mein aktuelles Freebie!

Nachdem ich nicht nur ein Freebie habe, sondern ständig zwischen verschiedenen Live- und Auto-Webinaren, kostenlosen Challenges und anderen Aktionen wechsle, um meine verschiedenen Launches durchzuführen, macht mir diese globale Speicherung das Leben sehr viel leichter. Egal, ob jemand meinen neusten Blog-Artikel liest oder einen, den ich vor drei Jahren erstellt habe, das eingebettete Freebie ist immer das aktuelle!

Beispiel für einen Banner im Blog-Artikel:

Webseiten von anderen

Viele Unternehmer:innen schmoren viel zu sehr im eigenen Saft. Sie haben das Gefühl, nicht mehr Menschen erreichen zu können und daher auf der Stelle zu treten.

Daher muss es immer dein erklärtes Ziel sein, in möglichst viele Listen von anderen zu kommen, um deine eigene Liste zu vergrößern. Wir werden darüber noch in den nächsten Kapiteln mehr reden. Doch will ich dir hier schon die Idee mitgeben, immer bestrebt zu sein, dich in neuen Kreisen vorstellen zu können – und das kannst du zum Beispiel, indem dein Freebie auf den Domains von anderen zu sehen ist.

Weiter unten werden wir dann noch ausführlich über viele weitere Möglichkeiten, wie Gast-Blogging, Freebie- und Blogparaden, Affiliate Marketing, Kooperationen und Events sprechen.

Abgesehen von potenziellen Kooperationen gibt es immer auch Angebote, dich auf diversen Portal-Webseiten, Branchen- und Netzwerk-Webseiten und ähnlichem zu zeigen. Nicht alles davon ist die Arbeit wert. Und wenn du dafür bezahlen sollst, dann prüfe die Seite besonders gut.

 In jedem Fall ist es wesentlich sinnvoller, auf solchen Portalen auf deine Freebie-Seite – und nicht die Homepage zu linken. Denn so wird deine Seite nicht nur angesehen, sondern du erhältst auch gleich eine Eintragung in deine Liste.

eMail

Deine eMail-Liste

Es klingt vielleicht etwas absurd, auch die bestehenden Abonnenten deiner Liste per eMail von einem neuen Freebie zu unterrichten, denn diese sind ja schon eingetragen. Was soll es also bringen, dass sie über ein neues Freebie informiert werden?

Sei dir bewusst, dass jemand, der heute in deiner Liste ist, sich morgen schon austragen könnte. Das tun Menschen genau dann, wenn sie keinen Nutzen mehr sehen, bei dir zu bleiben. Wie gewonnen, so zerronnen, heißt es so schön.

Damit dir das nicht passiert, solltest du dein bereits bestehendes Publikum regelmäßig mit guten, Nutzen bringenden Informationen nähren. Ein neues Freebie ist also etwas, was du auch deinen aktuellen Abonnenten nicht vorenthalten solltest, wenn du mit ihnen im Gespräch bleiben willst.

eMail-Listen von anderen

Analog zu deiner Webseite, willst du dich auch mit deiner eMail-Liste nicht im Kreise drehen. Daher soll es auch hier dein oberstes Bestreben sein, in den eMail-Listen anderer Erwähnung zu finden. Hierbei sind vor allem Kooperations- und Event-Partner sowie Affiliates eine große Hilfe. Hierüber erfährst du in eigenen Kapiteln noch viel mehr.

Social Media

Dein Freebie posten auf Seiten, Profilen und in Gruppen

Dass ich nicht die Social Media Tante vor dem Herrn bin, hatten wir schon erörtert. Wie gesagt: Wem es Freude bereitet, jeden Tag auf diversen Plattformen den jeweiligen Lebensstatus plus Fotos zu teilen, der soll das tun! Doch aus einem strategischen und nachhaltigen Blickwinkel empfinde ich das direkte Posten langer Artikel als Zeitverschwendung.

Mein Vorgehen ist es, kurze Teaser-Texte und Teaser-Videos in mein Scheduling-Tool zu laden, welches diese dann nach einer Zeit-Schablone an all meine Social-Media Plattformen ausspielt (siehe Kapitel „Dein Blog").

Diese Info-Häppchen laden auf meine Blog-Artikel ein – und diese Artikel wiederum enthalten alle eine Aufforderung, sich in ein Freebie einzutragen. Die oben erwähnte „globale Speicherung" der Freebies sorgt dafür, dass es sich hierbei immer um meinen eben aktuellen Launch handelt. Durch dieses strategische Vorgehen erstelle ich hier einmalig Schablonen, die ich immer wieder ausspielen kann. Mit einmaligem Eingeben der Texte und Videos erreiche ich somit unendlich viele Wiederholungen meiner Posts – und meine Blog-Artikel werden auch von Google als immer wertvoller betrachtet. Ich liebe es!

Und trotz allem spricht natürlich auch nichts dagegen, hier und da einfach nur dein Freebie (ohne zusätzlichen Artikel) ganz direkt auf deinen Sozialen Plattformen zu teilen!

Wichtiger Tipp: Achte darauf, dass du auf deiner Freebie Eintragungs-Seite auf Wordpress ein Beitragsbild hinterlegst, das die Social Media, wie zum Beispiel Facebook dann auch ziehen können. Denn ein Post ohne Bild ist nicht viel wert. Hierzu gibt es auch Plugins (ich verwende All in One SEO).

Und noch ein Tipp: Falls auf Facebook das falsche Bild angezeigt wird (weil du zum Beispiel eine Seite geklont hast und es das Thumbnail der „alten" Seite anzeigt) gibt es bei den Facebook Developers Hilfe mit dem sogenannten Debugger: Einfach die entsprechende URL eingeben und auf „Fehlerbehebung" klicken! (https://developers.facebook.com/tools/debug/?locale=de_DE)

Doch neben diesen Posts auf deinen Seiten, Profilen und in Gruppen gibt es noch mehr Möglichkeiten, dein Freebie auf Social Media sichtbar zu machen!

Dein Seitenbanner

Im Gegensatz zu einigen anderen Social Media Kanälen, hast du auf Facebook die Möglichkeit, nicht nur ein Profil zu erstellen, sondern auch eine Business Seite (früher Fanpage genannt). Wenn du business-mäßig auf Facebook unterwegs bist, dann solltest du das auf jeden Fall tun, schon alleine wegen der Impressums-Pflicht, der du in einem privaten Profil nicht nachkommst.

Auf dieser Business-Seite kannst du oben im Header ein Bannerbild hinterlegen und auch einen Hyperlink daraufsetzen. Von daher ist es selbstverständlich sehr sinnvoll, hier auf dein Freebie zu verweisen. Noch intuitiver wird es, wenn du in dieses Bild einen „Button" integrierst.

Natürlich ist die gesamte Grafik mit einem Link hinterlegt und nicht nur der „aufgemalte" Button. Und trotzdem wird dir dieser kleine Trick mehr Eintragungen bringen, da es dadurch noch offensichtlicher ist, dass es hier einen Call to Action gibt. Hier ein Beispiel:

Darüber hinaus wird jede Änderung im Seitenbanner auch als Post geteilt und dadurch auch beworben.

Abgesehen von Facebook gibt es auch andere Social Media Plattformen, die eigene Business-Profile anbieten und wo du bezüglicher einer Verlinkung deines Freebies oft ähnlich vorgehen kannst.

Dein Profil

Auch auf deiner (privaten) Profil-Seite hast du die Möglichkeit, ein paar Zeichen und auch einen Hyperlink direkt unter deinem Namen einzugeben, ein Hyperlink auf das Profilbild selbst ist (Stand Mitte 2021) jedoch nicht möglich. Nutze also hier die Möglichkeit, die sich unter deinem Profilbild bietet. Auch hier ein Beispiel:

Meike Hohenwarter
Mache dein Experten-Wissen zu Gold! 📚
Gratis eBook: meikehohenwarter.com/lp-online-kurs-now 🚀

Ähnlich kannst du auch auf Linkedin, Xing und anderen Plattformen einen Hyperlink zu deinem Freebie im oder direkt unter dem Banner integrieren.

Die oben genannten Verlinkungs-Möglichkeiten sind oftmaligen Änderungen unterworfen, aber doch meist in der einen oder anderen Art vorhanden. Sei also offen für die Gelegenheit, überall, wo möglich, einen Link zu deinem Freebie zu setzen.

Events

Neben den klassischen Evergreen-Freebies (wie eBooks, Videos und Audios auf Abruf), die wir schon früher besprochen haben, gibt es auch event-basierende Freebies, wie Challenges, Live-Workshops, Bundles oder Online Kongresse (über die wir gleich noch näher sprechen werden). Diese unterscheiden sich von obengenannten, indem sie ein fixes Start- und Enddatum haben und meist Live-Komponenten beinhalten.

Von daher ist es nur logisch, für diese auch einen Veranstaltungs-Eintrag auf Facebook -und wo sonst noch möglich – zu erstellen. Diese Veranstaltung kannst du in deinen eigenen Seiten und Gruppen teilen und außerdem auch andere (vor allem eventuelle Kooperations- und/oder Event-Partner) bitten, dies ebenfalls zu tun.

Doch ehrlich gesagt spricht auch gar nichts dagegen, Evergreen-Freebies, wie zum Beispiel eine klassische Booklet-Bestellung ebenfalls hier und da auch als Event zu teilen. Wie immer geht es darum, täglich über dein Produkt zu sprechen!

Seiten, Profile, Gruppen und Events von anderen

Auch in diesem Zusammenhang möchte ich dich wieder daran erinnern, dass echte Viralität deiner Meldungen dort anfängt, wo du deine bekannten Kreise verlässt und in die Kreise anderer vordringst. Umso öfter du es fertigbringst, dass andere über dich und dein Angebot sprechen, desto schneller wird deine Liste wachsen!

Doch es geht nicht nur darum, dass andere dein Freebie einfach in ihren Seiten und Gruppen teilen, noch viel mehr wert ist es, wenn sie dir eine Bühne bieten, indem sie dich zum Beispiel auf ihren Plattformen interviewen oder du vor ihren Fans eine Masterclass oder ein Webinar abhalten kannst!

Dies bringt uns zu den beiden nächsten (oft leider übersehenen) Möglichkeiten, dir schnell einen Namen zu machen: Affiliate-Marketing und Kooperationen.

Affiliates

„Empfehlungs-Kekse"

Das englische Wort Affiliate-Marketing bedeutet Empfehlungs-Marketing und ist eigentlich schon äußerst alt: Schon lange bevor die Welt online ging, konnte man einen Geld-Gutschein erhalten, wenn man den Bruder auch zum Automobil-Club brachte oder einen neuen Staubsauger, wenn die Freundin ebenfalls die Brigitte-Zeitschrift abonnierte.

Online Affiliate-Marketing ist also nur die technische Weiter-Entwicklung, die heute auf Basis von sogenannten „Cookies" funktioniert. Diese „Kekse" (ja das ist die Übersetzung des amerikanischen Wortes) sind in Wahrheit kleine Text-Bausteine, die im Browser gespeichert werden und unter anderem das User-Erlebnis von Webseiten-Besuchern verbessern sollen. In den letzten Jahren wurden sie bekannt (und auch zur Plage), weil man nun DSGVO-gemäß auf allen Webseiten einen solchen Cookie-Hinweis setzen muss.

Im Fall von Affiliate-Marketing enthält das „Keks" die Information, aufgrund welcher Empfehlung die Interessentin die Seite besucht. Die „Cookie Lifetime", also die Haltbarkeit dieser Empfehler-Information ist hierbei unterschiedlich lange. Bei Elopage sind es standardmäßig 7 Tage, bei Digistore 24 ein halbes Jahr (180 Tage! - das ist ein wesentlicher Grund, warum ich bei Digistore 24 bin).

Kauft nun ein solcher Besucher ein Produkt der Seite innerhalb der Cookie Lifetime, erhält der Affiliate automatisch seine Provision ausgezahlt.

Diese bestimmst du selbst. Sie variiert von 10-90% abhängig von der Großzügigkeit des Affiliate-Gebers, dem Anteil an Arbeit, die er jetzt noch mit dem Kunden hat (ein Coaching-Kunde macht noch viel Arbeit nach dem Kauf, ein verkaufter Selbstlern-Kurs im Gegensatz dazu praktisch gar keine) und auch am gesamten Funnel. So gibt man oft bei einem Initial-Produkt höhere Provisionen, wenn man dahinter noch mehrere (teurere) Produkte anzubieten hat.

Warum du auf Affiliates setzen solltest

Es kann gut sein, dass dich der Gedanke schmerzt, jemandem anderen zum Beispiel 50% deiner Produkt-Umsätze zu geben. Schließlich hast du dir die ganze Arbeit gemacht und jetzt soll jemand anderer so viel davon profitieren, wie du selbst?

Solche und ähnliche Gedanken-Kreise bewegen vor allem Anfänger:innen, die den einzigen Wert in ihrem erstellten Digitalen Produkt sehen, das ja auch ihr geistiges Baby ist und zu dem sie eine ganz besondere liebevolle Beziehung pflegen.

Doch leider ist ein gutes Info-Produkt alleine rein gar nichts wert!

In dieser schönen neuen Online Welt gibt es jede Menge stolze Online Kurs Besitzer, die die Geburt ihres Geistes kein einziges Mal verkauft haben. Zu einem Online Erfolg gehört eben nicht nur ein großartiges Produkt, sondern auch der Zugang zu einer Menge interessierter Käufer. Das ist schließlich der Grund, warum wir uns eine Liste aufbauen!

Nicht im eigenen Saft zu schmoren, sondern stets neue Leute in unseren Dunstkreis zu ziehen, ist unser erklärtes Ziel – und das ist verdammt viel wert. Zum Beispiel 50% deines Verkaufspreises.

Sieh es auch von der alternativen Seite: „Nur" 50% für den Verkauf deines Produktes zu erhalten sind in diesem Beispiel noch immer 50% mehr, als du bekämst, wenn du diesen Affiliate-Verkauf nicht erzielt hättest. Und wir reden hier natürlich auch nicht von *einem* Verkauf, sondern von einem System, das stetig für dich arbeitet und dir viele Verkäufe bringt.

Wo finde ich Affiliates?

Es gibt Menschen, die rein vom Affiliate Marketing leben und damit ein gutes Einkommen erzielen. Doch neben diesen professionellen Werbern betreiben auch zufrieden Kunden oder Freunde und Bekannte hobbymäßig die Bewerbung von Produkten.

Ich setze hauptsächlich auf meine zufriedenen Kund:innen – und das immerhin schon fast ein Jahrzehnt lang. Diese sind zwar oft nicht so sehr mit allen Wasser gewaschen, dafür sprechen sie aus vollem Herzen, wenn sie meine Produkte (die sie oft auch selbst gekauft haben) empfehlen.

 Damit sie wissen, wie es funktioniert und immer über deine aktuellen Aktionen informiert sind, empfiehlt es sich, deine Empfehler:innen wie spezielle Kund:innen zu behandeln. Das beginnt bei mir mit einer eigenen Partner-Seite, (https://www.meikehohenwarter.com/kurse/partnerprogramm/) auf der sie neben einem kleinen, knackigen Einführungs-Kurs auch Informationen über die aktuellen Events und Ressourcen erhalten. Darüber hinaus erhalten sie in meinem Active Campaign auch einen eigenen Tag und somit gezielt alle wesentlichen Informationen auch per eMail. Auch eine eigene Facebook Gruppe für meine Affiliates biete ich an.

Damit sowohl professionelle als auch hobby-mäßige Empfehler:innen Bescheid wissen, erwähne ich mein Partner-Programm regelmäßig und biete einen Affiliate-Kurs in meiner Academy an. Darüber hinaus halte ich des Öfteren Info-Webinare ab und habe im Footer meiner Webpage auch einen Menü-Link zu meiner Partner-Seite.

Zusätzlich gäbe es auch die Möglichkeit, dein Affiliate- Angebot auf diversen Plattformen und Marktplätzen bekanntzumachen. Doch da ich wie gesagt lieber mit meinen zufriedenen Kund:innen arbeite, mache ich von dieser Möglichkeit wenig Gebrauch.

Müssen Affiliates verkaufen können?

Viele Menschen überkommt der reine Horror, wenn sie nur daran denken, etwas verkaufen zu müssen. Und genau darum ist es mir so wichtig, meinen potenziellen Empfehlern gegenüber zu betonen, dass dazu kein Anlass besteht.

Im Gegensatz zu den meisten Affiliate-Gebern, verlange ich von meinen Empfehlern nicht, dass sie meine Produkte anpreisen. Ich sage immer: das „Heavy Lifting" können sie mir überlassen. Es reicht, wenn sie auf meine Freebies und Blog-Artikel hinweisen. Doch das funktioniert natürlich nur deswegen bei mir, weil ich hinter jedem Freebie und Blog-Artikel einen Funnel habe!

Wie zu Anfang des Buches geschildert, wollen 10% immer mehr – und das bekommen sie bei mir auch. Und so wird ein Teil der Besucher:innen meines Blogs und Teilnehmer:innen an meinem Freebies zu Käufer:innen.

Dass das geschieht, liegt daran, dass ich immer ein nächstes Angebot mache. Und das funktioniert natürlich genauso gut, wenn sich die Interessent:innen über Affiliate-Empfehlung eingetragen haben!

Meine Affiliates müssen somit nie für Produkte werben, sondern geben ihrer Community oder ihren Freunden einfach gute Content-Tipps. Der Rest erwächst dann durch meine Funnels!

Besonders hilfreich hierbei ist auch das Digistore 24 Plugin, das dafür sorgt, dass nicht nur gewisse (Content)-Seiten als Werbung für bestimmte Produkte dienen, sondern meine Affiliates absolut jede Seite meiner Domain bewerben können und im Erfolgsfall am Verkauf eines jeglichen Produktes partizipieren. Das gibt es bei keiner anderen Bezahl-Plattform außer Digistore (soviel ich weiß)!

Um die Genialität von Affiliate Marketing noch aus einem weiteren Blickwinkel hervorzustreichen – und vor allem den Listbuilding-Aspekt nochmals zu betonen, möchte ich diese Empfehlungs-Partnerschaften mit Facebook Ads vergleichen: Wenn du eine Anzeigen-Campagne auf Social Media startest, zahlst du in jedem Fall für alle Klicks oder Impressionen, egal, ob diese letzten Endes zum Kauf führen oder nicht.

Affiliates hingegen bezahlst du nur im Erfolgsfall. Das bedeutet, du läufst nie Gefahr, dass dir Kosten aus Affiliate Markting entstehen!

Damit möchte ich nicht generell gegen Social Media Anzeigen sprechen, denn auch diese können dir durchaus viel bringen. Aber gerade Anfänger:innen neigen dazu, dort eher ihr Geld zu verbrennen. Wie viel einfacher ist es da, Menschen zu finden, die dich empfehlen und nur im Erfolgsfall eine Provision erhalten!

Kooperationen

Besondere Partner

Im Prinzip ist eine Affiliate-Partnerschaft auch schon eine Kooperation. Du und dein Affiliate Partner schafft eine Win-Win-Situation. Dazu müsst ihr euch noch nicht einmal persönlich kennen und auch nicht miteinander gesprochen haben. Ich persönlich habe auf Digistore eingestellt, automatisiert jede Partnerschaft zu akzeptieren und wurde dahingehend nur einmal enttäuscht.

Doch der Begriff Partnerschaft darf im Online Business auch viel größer gedacht werden. Ziel ist natürlich stets eine Kooperation, die beide (oder noch mehr) Parteien ihren Zielen näherkommenlässt - in Bezug auf Listbuilding, Verkäufe oder ähnliches.

Solche Partnerschaften, die für ein Event/Projekt oder auch längere Zeiträume geschlossen werden, nennt man im Online Marketing auch oft Joint Ventures, kurz JVs. Oft enthalten sie auch eine Affiliate-Beteiligung (manchmal mit besseren Konditionen als mit den Standard-Affiliates), in anderen Fällen beruhen sie zum Beispiel nur auf Gegenseitigkeit.

Im nächsten Kapitel werde ich ausführlich über eventbezogene Kooperationen sprechen. Hier und jetzt zeige ich dir simple, schnelle Wege auf, deine Liste mithilfe von Kooperationspartnern zu erweitern und vice versa.

Du fragst dich vielleicht, woher du solche Kooperations-Partner:innen nehmen sollst, wenn du mit deinem Business noch recht am Anfang stehst. Eventuell hast du auch schon vergeblich versucht, bei dem einen oder anderen Experten „reinzukommen".

 Hierzu kann ich dir nur sagen, dass Geben immer seliger ist als Nehmen. Beginne damit, anderen eine Bühne zu bieten und die Reziprozität wird folgen. Vielleicht nicht immer unbedingt von genau den Menschen, die du unterstützt hast, doch das macht im Großen Ganzen nichts. Es geht um deine geistige Einstellung, dein Mindset!

Die Marketing-Legende Zig Ziglar hat oft betont: „You can have everything in life you want, if you will just help other people get what they want." In diesem Sinne solltest du anderen helfen, damit dir selbst geholfen wird!

Ganz generell will ich hier hervorstreichen, dass ich die Macht von Netzwerken sehr lange unterschätzt habe. Gerade am Anfang ist es schwierig, mit den „Großen" mitspielen zu dürfen. Doch wenn du immer wieder selbst bereit bist, andere groß zu machen, dann wirst du reichlichst ernten! Du wirst dein eigenes Netzwerk finden, in dem ihr euch gegenseitig Steigbügelhalter seid.

Genau das predige ich auch meiner Premium-Community immer wieder. Als Einzel-Unternehmer:in fühlen sich viele mitunter so alleine, dass es eine ganze Weile dauert, bis sich der Wir-Gedanke durchsetzt. Doch es lohnt sich!

Die besten Kooperations-Partner sind natürlich jene Expert:innen, die im gleichen Teich fischen, wie du, aber nicht dasselbe anzubieten haben.

Sie offerieren etwas, was deine Kund:innen zeitgleich oder vorher oder nachher brauchen, etwas was eventuell sogar den Erfolg von deinem Angebot noch unterstützt oder beschleunigt. Mein Sohn zum Beispiel, hilft meinen Kunden (und somit dann auch den seinen) bei der technischen Umsetzung der Online Business Strategien, die sie bei mir lernen. Ein Abnehm-Experte könnte mit einer Lauf-Trainerin zusammenarbeiten oder eine Stil-Beraterin mit einem Schmuck-Designer.

Doch sieh es nicht so eng – auch komplett andere Sparten haben oft dasselbe Zielpublikum, zum Beispiel Unternehmer:innen, Mütter oder eine bestimmte Berufsgruppe. Manchmal merkt man erst über das erste Joint Venture, ob eine Kooperation beiden Parteien Vorteile bringt.

Es folgen nun einfache Möglichkeiten, Kooperationen zu starten.

Gegenseitige Erwähnungen

Eine der einfachsten schnellen Kooperations-Möglichkeiten ist, sich gegenseitig öffentlich zu loben. Das kann allgemeiner Natur sein à la „X ist der beste Hypno-Coach, den ich kenne" oder spezifischer mit zum Beispiel: „Y startet nächste Woche wieder ihren legendären Facebook Ads Workshop, da musst du dabei sein!"

Es ist bekannt, dass es immer viel bessere Wirkung zeigt, wenn andere löblich über dich sprechen, als wenn du es selbst tust. Egal wie klein oder groß die Community der Lobenden ist, es ist ihr Tribe, also die Menschen, die Vertrauen in sie gefasst haben und ihr daher glauben, wenn sie sagt, dass du großartig bist. Vice versa funktioniert das natürlich genauso gut.

Das ist genau die Basis auf der ihr euch nun gegenseitig auf euren Social Media, in eMails, auf Webseiten oder auch offline unterstützt. Das kann eine einzige vereinbarte Aussendung betreffen („Ich schicke ein Solo-eMail an meine Leute über dich und du eins über mich") oder eine gängige Praxis über einen langen Zeitraum sein.

Nachdem es in diesem Buch ums Listbuilding geht, erweist es sich natürlich als besonders sinnvoll, das jeweilige Freebie des anderen zu teilen. Doch du merkst sicher, dass das Potenzial von Kooperationen weit über den Listen-Aufbau hinausgeht.

Teilen, kommentieren, liken

Besonders betonen möchte ich hier auch die gegenseitigen Unterstützungen auf Social Media. Ich bin die letzte, die dir erzählen wird, dass du dich mit geheucheltem Interesse bei anderen einschleimen sollst, indem du deren Posts teilst, kommentierst oder likest. Und doch sind diese Interaktionen auf Social Media wichtig, denn sie zeigen dem Algorithmus an, dass ein Post beliebt ist und Potenzial zur Viralität hat.

Das bedeutet, dass deine Reaktion auf die Beiträge deiner Kooperations-Partner eine große Unterstützung für sie sein kann. Und die

Wahrscheinlichkeit, dass sie sich auf ähnliche Weise erkenntlich zeigen, ist groß!

> Tipp: Ich lese prinzipiell nie den Newsfeed. Dazu ist mir meine Lebenszeit viel zu schade! Wie kann ich also dennoch wissen, ob wichtige Partner etwas Wesentliches gepostet haben? Nun ich inkludiere sie einfach in die „Benachrichtigungen" und abonniere somit die Beiträge ganz bestimmter Menschen. So kann auch ich „meine Leute" mit Likes und Kommentaren unterstützen.

Interviews

Was hältst du davon, (potenzielle) Netzwerk-Partner:innen auf deine Facebook-Seite, in deine Facebook-Gruppe oder auch andere Social Media zum Interview einzuladen? Du bietest ihnen somit eine Bühne und stellst sie mit wertschätzenden Worten deiner Community vor.

Wenn dein Gast ein Profi ist, wird er oder sie ein Freebie haben, das ihr am Schluss anbieten könnt. (Es ist sehr üblich in Vorbereitung eines solchen Gespräches zu erfragen, was es denn zum Schluss zu bewerben gibt. Ebenfalls üblich ist aber auch, dass der/die Gastgeber:in dies mit ihrem/seinem Affiliate-Link teilen darf.)

Sehr oft wird es auch zu einer Gegen-Einladung kommen, die dann dir wiederum die Chance gibt, mit warmen Worten einem neuen Publikum vorgestellt zu werden. Sei also auch du vorbereitet, ein Freebie (am besten auch mit Affiliate-Link) in diesem Zusammenhang anbieten zu können!

Kränke dich nicht, wenn manchmal keine Rück-Einladung ausgesprochen wird. Insgesamt wird es sich die Waage halten, wenn du regelmäßig neue Gäste einlädst. Nicht jede/r, der/dem du die Hand reichst, wird dein bester Freund werden – und das ist gut so!

Podcast

Wenn du einen Podcast startest, ist es ebenfalls günstig, nicht nur eigene Beiträge zu senden, sondern auch andere Expert:innen zum Interview zu bitten. Bei mir ist das Verhältnis ungefähr 50/50.

Ich interviewe in meinem Podcast sowohl „Stars", als auch Kolleg:innen, die ungefähr gleich weit sind, wie ich. Darüber hinaus ist meine Sendung auch immer wieder eine Plattform für meine Kund:innen: Wenn jemand etwas geschafft hat, dann freue ich mich, diese Person dazu zu befragen. Denn ich weiß, dass viele meiner Kund:innen auch gerne die Erfolgs-Geschichten von Menschen hören, die gerade mal ein paar kleine Schritte weiter sind als sie selbst.

Jene Sendungen, in denen ich Interviews gebe, sind somit kleine Bühnen für meine Gäste: Ich veröffentliche ihre Biografie, ein Bild von ihnen, Links zur Webseite und auch ein Angebot für ihr Freebie oder ein Produkt – das stelle ich ihnen frei.

Der Spatz in der Hand

Sobald du öfters zu Podcasts oder anderen Kooperationen eingeladen wirst, wird sich die Frage für dich stellen, ob du ein Freebie oder lieber ein Kauf-Produkt teilst.

Gerade, wenn du am Anfang deines Geschäftes das Geld durch Verkäufe dringend gebrauchen könntest, wirst du wohl intuitiv eher zu Kauf-Produkten neigen.

Für dein Listbuilding würde ich dir allerdings eher zu einem Freebie raten. Im Sinne von „der Spatz in der Hand ist mehr wert als die Taube auf dem Dach" ist es meist besser, 100 Eintragungen in deine Liste anstatt ein paar Verkäufe zu erzielen – vor allem dann, wenn du schon die ersten Funnels erstellt hast und deiner Community regelmäßig wertvolle eMails schreibst.

Guest-Blogging

Auch in deinen Blog kannst du regelmäßig Gäste einladen. Du solltest ihnen eine ähnliche Bühne bieten, wie ich es oben beim Thema Podcasts dargestellt habe, also Teilen eines Links, einer kurzen Bio und so weiter.

Im Sinne von zuerst geben dann nehmen, wirst du auch hier Rück-Einladungen erhalten, wo du nun wiederum dein Freebie teilen kannst.

Gast-Beiträge in Kursen

Wenn du schon eine Member-Seite hast, also eine Kurs-Plattform oder auch ein bestimmtes Starter-Produkt in Form einer Academy, dann musst du nicht unbedingt alle Beiträge selbst beisteuern. Oft gibt es Expert:innen, die in Rand-Gebieten zu deinem Thema, viel mehr zu sagen haben als du selbst kannst und willst. Wenn du diese zu Gast-Beiträgen einlädst, hast du nicht nur weniger Arbeit mit deiner Member-Seite, sondern erhöhst auch den Wert deiner Academy.

Diesen Gast-Dozent:innen solltest du natürlich auch wieder die Möglichkeit bieten, mit einer Bio und einem Produkt-Link (gegebenenfalls mit deiner Affiliate-Info) für sich zu werben. Du verschaffst ihnen dadurch neue Reichweite, die sie dir oft mit ähnlichen Gegen-Einladungen danken werden beziehungsweise deine Academy mit bewerben.

Events

Evergreen versus Events

Ein klassisches Freebie, so wie oben beschrieben, ist normalerweise „immer" abrufbar: Tagein, tagaus über viele Wochen und Monate haben neue Besucher:innen deiner Seite die Möglichkeit, sich ein bestimmtes eBook, Video oder ähnliches im Austausch gegen ihre eMail-Adresse zu bestellen. Ein solches langwährendes gleichbleibendes Angebot nennt man im Online Marketing „Evergreen". Das ist gut und wertvoll – und wie du auch im vergangenen Kapitel gemerkt hast, ist es äußerst wichtig, ein solches Freebie anbieten zu können, um bei Kooperationen mitmachen zu können.

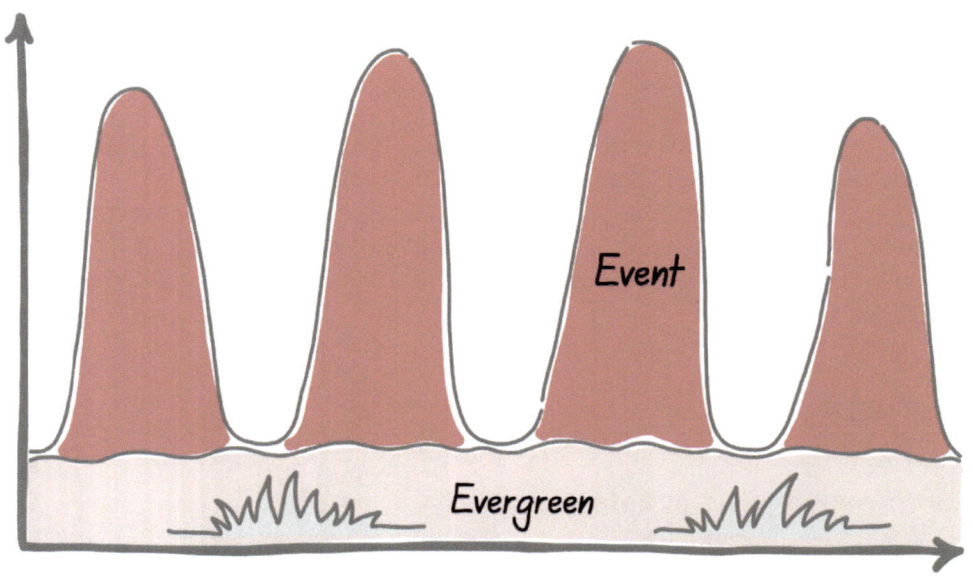

Wenn du allerdings schnell viele neue Eintragungen erlangen willst – zum Beispiel als Pre-Launching für einen bevorstehenden Verkauf – dann empfehlen sich hierzu Events. Diese haben eine klare Start- und Endzeit und sollen deinen Kunden beim Lösen eines (kleinen) Problems helfen. Sie müssen nicht zwingend kostenfrei sein, doch gerade am Online Business Anfang ist das oft sinnvoll.

Mit solchen Events werden neue Interessent:innen „aus der Couch gekippt" und ins Tun gebracht.

Nachdem sie sich auf jeden Fall in die Liste eintragen müssen, um mitzumachen, sind solcherlei Events besondere Freebies. Darüber hinaus werden viele Teilnehmer unmittelbar danach zu Käufern, sobald du im Anschluss dein Produkt anbietest (und sofern du alles richtig machst).

Die einfachste Form eines solchen Events ist ein Live Webinar, das in ein bis zwei Stunden abgehalten ist. Etwas mehr Aufwand machen Mini-Workshops, Challenges oder Online Kongresse, die sich über einige Tage, manchmal sogar Wochen ziehen.

Es ist auch nicht gesagt, dass du solche Events immer nur alleine veranstalten musst. Wie wir im darauffolgenden Kapitel sehen werden, gibt es auch bei diesem Thema wieder jede Menge Kooperations-Möglichkeiten.

Lass uns zuerst mit dem beginnen, was du ganz alleine bewerkstelligen kannst.

Webinare

Über Webinare haben wir schon gesprochen. Ein Webinar ist ein Seminar, das du online hältst. Du warst sicher schon als Gast auf einigen solchen dabei. Im Online Marketing ist ein Webinar klassischer Weise auf jedem Fall mit einem Produkt-Angebot (meist am Ende der Veranstaltung) verbunden.

Wie schon erwähnt, ist ein Webinar, somit ein besonderes Freebie, weil sich die Teilnehmer:innen zur Anmeldung in deine Liste eintragen. Die etwa 30 Prozent, die dann auch tatsächlich erscheinen, lernen dich auf der Veranstaltung wirklich gut kennen und sind somit nachher als „warme Kunden" zu sehen. Und ein gewisser Anteil wird außerdem dein Angebot kaufen. Also schlägst du quasi drei Fliegen mit einer Klappe.

Im Vergleich aller oben erwähnten „besonderen Freebies" macht ein Webinar am wenigsten Arbeit, da es im Normal-Fall nur ein ein- bis maximal zweistündiges Event ist. Du benötigst also nur eine Vorlaufzeit von sieben bis 14 Tagen, in denen du deine Anmelde-Seite auf möglichst vielen Kanälen teilst (siehe Kapitel „Wo teile ich mein Freebie?").

Es macht die wenigste Arbeit, bringt aber natürlich auch nicht so viel Umsatz, wie zum Beispiel eine Challenge, die wesentlich mehr Vorbereitung braucht. Natürlich kannst du dein Webinar auch zu mehr als einem Termin (kurz aufeinanderfolgend) anbieten, doch verdoppeln wird es den Umsatz nicht.

In jedem Fall sind Webinare eine gute Möglichkeit, wie du dich langsam auf mehr und mehr Online Live-Auftritte vorbereiten kannst und üben kannst, online zu verkaufen. Ich halte wie gesagt regelmäßig welche!

Challenges

In einer „Challenge" wird wörtlich übersetzt jemand zu einer Handlung herausgefordert. Du als Expert:in forderst deine Interessenten normalerweise heraus, ein bestimmtes Ziel innerhalb weniger Tage zu erreichen.

Im Online Marketing haben sich hier fünf Tage als guter Zeitraum erwiesen. Das ist natürlich nur ein Richtwert, doch du wirst merken, dass ein jeder weiterer Challenge-Tag viel Energie und Input benötigt, um als interessant gewertet zu werden und die Teilnehmer:innen bei der Stange zu halten.

Das in der Challenge für den Kunden gesteckte Ziel darf natürlich nicht zu groß sein. Zum einen, weil deine Interessentinnen noch kein volles Commitment in dich investiert haben, sondern mal schauen möchten, was du denn so zu bieten hast. Und zum anderen natürlich, weil du nicht den Anschein erwecken willst, mit deiner (meist kostenlosen) Challenge schon dein ganzes Pulver verschossen zu haben. Dieses Event soll hungrig machen und nicht satt!

Vom Format her gibt es sehr viele Möglichkeiten mit mehr oder weniger vielen Live-Komponenten. Zumeist gibt es ein Tagesthema mit einem theoretischen Input von dir (per Video-Message oder Live-Schulung) und eine kleine Aufgabe, die die Teilnehmer:innen erledigen sollen. Für Austausch und das Teilen der Ergebnisse ist oft eine Facebook-Gruppe sehr geeignet. Während des ganzen Events solltest du greifbar und nahbar sein, indem du in der Gruppe oder auf einer anderen Plattform Fragen beantwortest und regelmäßig auch Live-Q&As abhältst.

Eine solche Challenge eignet sich nicht nur hervorragend als Listbuilding-Tool, sondern ist zumeist auch gleichzeitig ein Pre-Launching-Event. Das heißt im Rahmen der Challenge wird ein Digitales Produkt oder Coaching Paket angeboten, das im besten Fall die natürliche Folge der Challenge darstellt.

Mini-Workshops

Nachdem es unendliche viele Varianten von Challenges gibt und dieses Wort momentan sehr inflationär genutzt wird, kann man eine Challenge auch nur als Arbeitstitel sehen und das ganze Event anders benennen. Zum Beispiel Mini Workshop. Einen großen Unterschied im Ablauf macht das nicht. Die Grenzen sind fließend. Unterschiedlich ist eventuell die Gesamtlänge oder auch die Ausmaße der Interaktivität und deiner persönlichen Live Präsenz.

Ab der zweiten Runde derselben Challenge kannst du es dir auch durchaus etwas gemütlich machen und dich auf der beim ersten Mal getanen Arbeit ausruhen: Anmeldeseiten und -funnels wieder nutzen, die gleichen Videos nochmals zeigen und so weiter. Ich spiele viele solcher Workshops alle paar Monate aus, oft mit nur wenig Vor-Aufwand.

Sei dir aber bewusst: Wenn du dich weniger live zeigst, ist auch geringere Energie von dir drinnen und du wirst nicht so viele Eintragungen und Verkäufe erzielen. Auf der anderen Seite kostet dich ein Wiedereröffnen von schon ausgespielten Challenges und Workshops auch nur wenige Minuten täglich.

Soweit zu den Events, die du ganz alleine jederzeit vom Stapel lassen kannst. Und nun ein paar Ideen, was du mit einem oder mehreren Partnern vollbringen kannst.

JV-Webinare

Lass uns wieder bei den Webinaren starten. Wie schon beim Thema Affiliates erwähnt, kannst du jederzeit deine Empfehl-Partner dazu motivieren, deine Live Webinare mitzubewerben.

Eine weitere Variante, die ich schon oft verwendet habe, sind Joint Venture Webinare. Auch das kann auf Affiliate Basis oder aber auch einfach auf Gegenseitigkeit erfolgen.

In diesem Fall hältst du dein Webinar nicht vor „deinen" Leuten, sondern vor der Community deiner JV Partnerin. Das heißt, sie bewirbt dein exklusives Webinar in ihrer Liste und die Interessent:innen tragen sich dann zur Anmeldung in deine Liste ein.

Bei einem solchen Webinar sind dann im Normalfall deine Partnerin und du beide zu Beginn online präsent und deine Partnerin stellt dich ihrer Community vor. Somit hast du wieder den Effekt, dass du dich nicht selbst loben musst, sondern andere das für dich tun. Während des Webinars sprichst dann meist nur du und am Ende schaltet sich deine Partnerin nochmals dazu. Die weitere Bewerbung des Angebotes übernimmst dann entweder du oder deine Partnerin oder ihr beide – je nach Vereinbarung. In jedem Fall hast du derart wieder Zugang zu neuen Interessent:innen, die ab sofort auch in deiner Liste eingetragen sind.

Masterclasses

Liegt der Fokus solcher Gast-Beiträge mehr auf dem zu erlernenden Inhalt und weniger auf dem anschließenden Verkauf, dann spricht man meist von Masterclasses. Oft finden diese auch nur exklusiv für ein Premium-Publikum statt, das dann auch live Fragen stellen kann, Hier geht es also vorrangig um den Mehrwert der Inhalte – und wie immer auch um die Eintragung und weniger um Verkäufe. Auch hier sind die Übergänge fließend.

 Bedenke auch, dass jede Aufzeichnung von Live-Events nicht nur zum Zeitpunkt der Übertragung von Wert ist, sondern dass du genau damit schon wieder ein neues Digitales Produkt erstellst, das auch danach – als Aufnahme – noch von Wert ist. Es kann ebenfalls wieder deine Academy bereichern oder als Bonus zu einem Produkt dazu geschenkt werden und (in Absprache mit deiner Partnerin) auch als Aufzeichnung noch für neue Eintragungen in deine Liste sorgen.

Freebie-Parade

Extrem beliebt ist auch meine Freebie-Parade, die ich schon viele Male abgehalten habe und die den Teilnehmer:innen oft 100 Eintragungen und mehr beschert.

Die Prämisse ist, dass jede Expertin immer gerne neue Kontakte hätte und dass praktische jeder, der im Online Business tätig ist ein Freebie hat.

Für viele meiner Online Business University Teilnehmer:innen ist die Freebie Parade genau der Anlass, um endlich das erste Freebie zu erstellen!

Als Organisatorin der Parade lädst du ein und legst die Regeln fest. Es kann sich hierbei um eine Parade mit einem bestimmten Thema handeln, zum Beispiel „Gesundheit verbessern", „Baby an Bord" oder „Online Business Start" oder auch um einen „Gemischtwarenladen". Nachdem meine Kurs-Teilnehmer:innen aus allen möglichen Sparten kommen, kann ich meine Parade nicht weiter auf ein Thema einschränken, wenn ich alle Mitglieder zulassen möchte, doch du wirst natürlich ein Thema rund um deinen Schwerpunkt suchen.

Wie bei allen Kooperations-Projekten geht es um ein Geben und Nehmen, das eine Win/Win-Situation erzielen soll. Dafür, dass die Teilnehmer:innen ein Potenzial von vielen neuen Eintragungen erhalten, verpflichtest du sie, die Parade mit ihrer Liste zu teilen. Üblich ist mindestens zwei Mal.

Bis zu einer bestimmten Deadline schicken dir alle teilnehmenden Expert:innen die erforderlichen Informationen zu ihrem Freebie. Das sind zumeist der Name des Geschenks, der Link zur Anmelde-Seite, ein Thumbnail und ein kurzer beschreibender Text.

Du als Organisatorin verpflichtest dich nun, alle Freebies auf einer Webseite auszustellen, sodass alle Links klickbar sind. Natürlich gibst du auch ein Freebie von dir dazu.

Nun schickst du diesen Link an alle Teilnehmer:innen der Parade, damit diese ihn wiederum mit ihrer Liste teilen können. Für eine noch leichtere Umsetzung der Bewerbung bietest du im besten Fall auch ein Paradenbild (siehe Bild-Beispiel) und einen kurzen Werbetext für deine Teilnehmer:innen an.

Wie vereinbart, teilen nun alle diese Seite mindestens zwei Mal in einem bestimmten Zeitraum mit ihrer Community. Den Adressaten wird nun ein buntes Buffet an Freebies angeboten und sie tragen sich in all jene ein, die für sie interessant klingen.

Auf diese Art kommt es zu einer „Listendurchmischung": Jemand der bisher in der Liste von A war, bestellt sich das Freebie von E, G und L und ist somit ab sofort (bis auf Widerruf) auch in deren Listen eingetragen. Wie gesagt bekomme ich immer wieder Rückmeldungen, dass die einzelnen Teilnehmer:innen 100 Eintragungen und mehr durch eine solche Freebie-Parade erlangen.

Bei meinen Freebie-Paraden machen zumeist 30-40 Teilnehmer:innen mit. Das ist eine sehr angenehme Größe finde ich.

Hier findest du ein Beispiel:
https://www.lifehackademy.com/geschenke-parade-0621/

Adventkalender

Nach einem ähnlichen Prinzip funktionieren auch Online Adventkalender. Nur werden hier nicht alle Freebies (oder auch niedrigpreisige Produkte – je nach Vereinbarung) auf einmal ausgespielt, sondern jeder Kalender-Tag zeigt eines oder mehrere Angebote, die nur an jenem speziellen Tag gelten und am nächsten Tag bereits nicht mehr buchbar sind. Oft werden allerdings – als Bonus – am letzten Adventkalender-Tag oder an den anschließenden Feiertagen nochmals alle Türchen geöffnet.

Zumeist wird ein solcher Kalender auch abonniert, das bedeutet, dass sich dann in jedem Fall alle Teilnehmer:innen in die Liste des Organisators eintragen.

Natürlich ist ein solches Kooperations-Projekt nicht nur in der Vorweihnachts-Zeit möglich. Du kannst auch Oster-, Sommer- oder sonstige Kalender initiieren.

Blog-Paraden

Über Guest-Blogging haben wir schon gesprochen. Eine Steigerung hierzu wäre eine Blog-Parade. Hier lädst du bestimmte Menschen, oder auch einfach deine Community und/oder dein Netzwerk ein, einen Blog-Artikel zu einem bestimmten Thema zu verfassen.

Die teilnehmenden Expert:innen schreiben den Blog-Artikel auf ihrer Blog-Seite. In einem Absatz oder Banner ihres Beitrages weisen sie dann darauf hin, dass ihr Artikel nur einer von vielen im Rahmen dieser speziellen Blog-Parade ist, und setzen einen Backlink auf die Sammel-Seite der Blog-Parade. Dort findet die Leserin dann auch die weiteren Artikel der anderen teilnehmenden Autor:innen. Oft sind heute auch verwandte Stilmittel wie Vlogs oder Podcast-Beiträge, manchmal sogar Social Media Beiträge, innerhalb einer Blog-Parade erlaubt.

Hier ein Beispiel für einen Hinweis-Banner in einer solchen Blog-Parade:

Dieser Artikel entstand im Rahmen der **Blog-Parade der Life Hackademy unter dem Motto "Mach dir dein Leben leichter!"** 25 andere spannende Beiträge mit Life Hacks aus den Bereichen Lifestyle & Beziehungen, Investment & Karriere, Fitness & Gesundheit und Entfaltung & Spiritualität **findest du hier.**

Nachdem du dringend – wie schon früher erwähnt - in jedem deiner Blog-Artikel auch eine Freebie-Eintragung setzen solltest, sorgt auch deine Teilnahme an einer Blog-Parade (beziehungsweise noch besser die Organisation einer solchen) nicht nur dafür, dass du bekannter wirst, sondern auch für dein Listbuilding.

Ein Beispiel für eine von mir organisierte Blog-Parade findest du hier: https://www.lifehackademy.com/blog-parade-0321/

Auch hier gilt, dass ich das breite Thema „Life Hacks" wähle, um all meine Premium Mitglieder teilnehmen lassen zu können. Dir würde ich in jedem Fall einen nischigeren Ansatz mit einem stärker abgegrenzten Thema empfehlen!

Bundles

Sogenannte Bundles sind zwar meist nicht kostenlos, aber fast immer sehr kostengünstig und dienen somit fast immer auch in erster Linie dem Listen-Aufbau und erst zweitrangig dem Generieren von hohen Umsätzen.

Für ein Bundle sammelt die Organisatorin (Digitale) Produkte von Expert:innen zu einem gewissen Thema.

Klassischer Weise sind das (kleine) Online Kurse, Live- oder Auto-Webinare, Online Workshops, eBooks und ähnliches. Der Gesamt-Nennwert all dieser Produkte ist oft im guten vierstelligen Bereich.

Tatsächlich wird dieses Bundle aber oft um wenige Euros verkauft und die Expert:innen sind meist mit Affiliate-Provision an diesen Bundle-Umsätzen beteiligt. Sowohl als Teilnehmer:in als auch als Organisator:in profitierst du somit wieder in erster Linie an der Listen-Durchmischung und zusätzlich auch an den Verkäufen.

Online Kongresse

Zum Schluss noch die Königs-Disziplin von Kooperations-Events zum Listen-Aufbau: Online Kongresse.

Ich habe schon öfters ausgesagt, dass diese „nix für Lulus" sind, was meist für Lacher sorgt. Was ich damit ausdrücken möchte ist, dass du dir schon klar sein musst, dass ein „echter" Online Kongress ein Projekt ist, das dich mehrere Monate ziemlich intensiv begleitet – vor allem wenn es dein erster ist. Miese, nichtssagende Online Kongresse gibt es genug, ich gehe jetzt mal davon aus, dass du etwas Bedeutendes erschaffen willst...

Da das Thema in allen Facetten sehr komplex ist, gibt es von mir den ausführlichen Online Kurs „Online Kongress Success" (https://www.meikehohenwarter.com/oks) – und ein Buch ist auch schon in Planung. Doch auch hier schon das Wesentliche für dich.

In den vorherigen Beschreibungen von verschiedenen Events habe ich dir schon mehrfach die unglaubliche Kraft von Listen-Durchmischungen aufgezeigt. Ein wirklich guter Kongress mit 20-50 Experten-Beiträgen, meist in Interview-Form, potenziert natürlich diesen Effekt.

Es ist eine Win/Win/Win-Situation: Die Teilnehmer:innen profitieren von den tollen Expert:innen-Beiträgen, die ihnen bei diesem ganz speziellen Thema helfen und ihnen auch aufzeigen, bei welchen der Kongress Expert:innen sie noch mehr buchen können.

Die teilnehmenden Expert:innen erweitern ihre Liste, indem sie neuen Kreisen von Menschen gezeigt werden, die ganz offensichtlich am jeweiligen Thema sehr interessiert sind. Auch ist es natürlich gerade für Nachwuchs-Expert:innen sehr schmeichelhaft in einem Atemzug mit den ganz Großen der Branche genannt zu werden. Darüber hinaus gibt es fast immer auch ein Kongress-Paket und weiterführende Angebote zu kaufen an deren Erlösen die Expert:innen verdienen, wenn der Käufer aus ihrer Liste stammt.

Die Organisatorin des Kongresses zeigt sich selbst in jedem Interview, da sie normalerweise die Person ist, die diese Videos moderiert. Das heißt, ihr Gesicht, ihre Story und ihre Persönlichkeit sind nachher allen Teilnehmer:innen am Kongress bekannt. Das ist die perfekte Markt-Durchdringung.

Natürlich profitiert die Organisatorin auch am stärksten beim Listen-Aufbau, denn bei ihr tragen sich alle ein! Das sind meist mehrere 1000 Adressen.

Auch der Networking Effekt ist nicht zu missachten: Als Organisatorin bestimmst du, wen du einlädst und kannst so auch schon sehr gezielt Menschen aussuchen, mit denen du immer schon mehr kooperieren wolltest. Nach einem solchen Kongress hast du also auch viele neue potenzielle Partner für zukünftige JV Events!

Und außerdem sollte dir dein Kongress echt gute Umsätze bescheren! Diesen Punkt vernachlässigen fast alle Organisatorinnen! Unglaublich schade! Mehrere 1000 Menschen so ausführlich zu einem Thema zu informieren und dann nichts außer einem mickrigen Kongress Paket zu verkaufen zu haben, ist ein echter Kardinal-Fehler, den du besser nicht begehen solltest!

Wie auch schon bei all den anderen Events erwähnt, gibt es auch bei Kongressen unheimlich viele verschieden Spiel-Arten. Meist werden 20+ Expert:innen geladen und die Interviews dann über fünf bis 14 Tage nach und nach ausgespielt – also mehrere am Tag. Auch bei Online Kongressen gibt es am Ende fast immer noch ein bis zwei da capo Tage, wo dann alle Interviews noch einmal gleichzeitig offen sind.

Das Kongress-Paket, das meist für etwa 29 bis 149 Euro käuflich erwerbbar ist, enthält alle Interviews zum immer wieder schauen und manchmal auch noch zusätzliche Boni und wird zumeist mit Affiliate Link verkauft, sodass die Expert:innen und auch andere Affiliates am Umsatz profitieren. Siehe Bild-Beispiel:

Kongress-Paket:

Alle 33 Interviews zum immer wieder Schauen und das Online Workshop Replay

Wie gesagt bringt dir ein Online Kongress zumeist mehrere 1000 Adressen ein, die du am besten jetzt und hier und nicht in ferner Zukunft auch monetarisierst, indem du über das Kongress Paket hinaus noch ein weiteres (teureres) Angebot machst (siehe Beispiel):

Wenn du einen Online Kongress mit einer Freebie-Bestellung vergleichst, hast du die beiden Pole deines Listbuildings vor Augen: Eine Freebie-Seite bringt dir regelmäßig Eintragungen, am besten mehrere am Tag. Ich weiß, bis man dahin kommt, dauert es für die meisten eine Weile. Doch ist das Freebie dann mal erstellt und einsatzfähig läuft und läuft und läuft es – und du hast keinerlei weitere Arbeit damit, außer den Link im besten Fall täglich zu streuen.

Ein Online Kongress auf der anderen Seite macht viel Arbeit und ist zeitlich begrenzt. (Ja, es gibt auch hier Möglichkeiten des Relaunchings oder auch ihn in ein Auto-Event umzuwandeln, aber prinzipiell ist es mal ein zeitlich begrenztes Event.) Und ich möchte hier und jetzt nochmals betonen, dass es schon ein großes Projekt ist, das über Wochen deine Aufmerksamkeit fordert.

Die Gegenüberstellung von kontinuierlichen mäßigen Erfolgen (in dem Fall Eintragungen) im Vergleich zu vielen kurzfristigen wird in Marketing-Sprech auch Long Tail versus Short Tail genannt.

Das Wort „Tail" heißt Schwanz und wenn du dir die Abbildung ansiehst, dann weißt du auch warum. In unserem Fall wären die vielen aber zeitlich beschränkten Eintragungen bei einem Online Kongress der Short Tail und deine Freebie-Eintragungen der Long Tail.

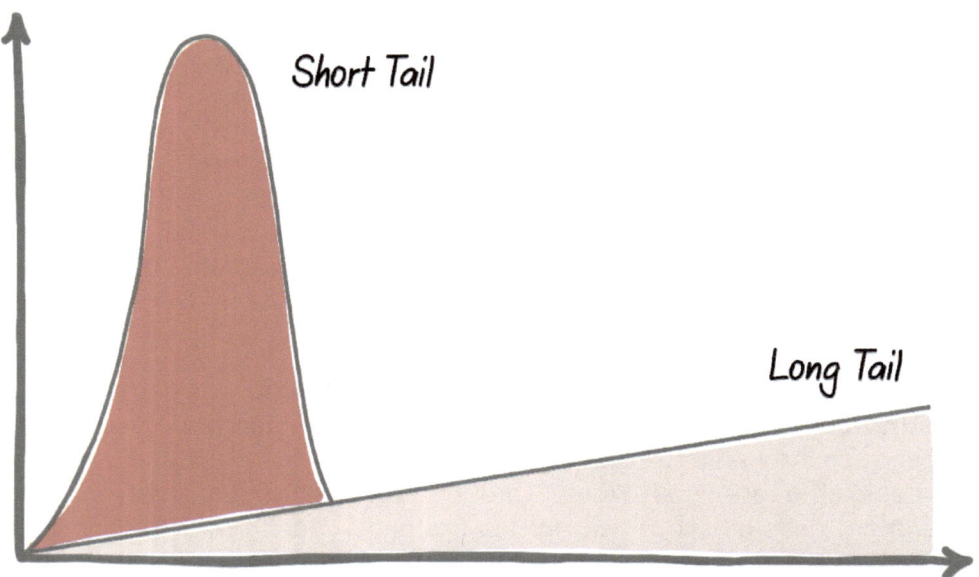

Betrachtet man die Gesamt-Lebenszeit eines Unternehmens, gehen langfristige Aktionen (egal ob im Verkauf oder beim Listen-Aufbau) meist klar als Sieger hervor. Und doch sind auch Short Tail Events wichtig, um hier und da schnelle Erfolge zu erzielen und für einen kräftigen Energie-Schub zu sorgen.

Die Frage ist also: Wie schnell willst du mit deinem Listbuilding vorankommen und wie sehr bist du bereit, dich reinzuknien. Denn wenn du durch dein Freebie zum Beispiel 100 Adressen im Monat erlangst, dann sind das 1200 im Jahr. Mit einem einzigen Kongress kannst du leicht mit einem Schlag das Doppelte an Eintragungen erzielen, wenn es dir den Aufwand wert ist.

Und nochmals: Auch zu Online Kongressen gibt es jede Menge Varianten. Es müssen keine 20+ Expert:innen sein, es kann auch da wieder mit jeder Menge Hacks technisch geschummelt werden. Du hast in der Vielfalt deiner Möglichkeiten praktisch keine Beschränkungen.

Ich würde dir nur trotzdem immer empfehlen, deine Zielkunden klar im Blick zu haben und ihnen tatsächlich einen Mehrwert zu bieten und nicht schnell irgendeine kleine Nummer abzuziehen. Denn davon gibt es schon genug. Die braucht keiner.

Dein Online Business in der Offline Welt

Wenn ich über Online Business rede, dann habe ich manchmal das Gefühl, einige Coaches und Trainer:innen haben Angst, dass sie sich für eine der beiden Erlebnis-Welten entscheiden müssen.

Ich sehe das nicht so! Spätestens seit Erfindung des Video Streamings haben wir erlebt, wie viele Inhalte wir nun einfach online anbieten können.

Auf der anderen Seite hat uns Corona gezeigt, dass die Menschen von zu viel online auch müde werden können und sich nach „echten" menschlichen Kontakten sehnen. Ich persönlich liebe meine Online Welt und bin nach wie vor Tag für Tag fasziniert davon, wie vieles wir online tun können. Und doch schätze auch ich gute Networking Events mit all den „Nebengeräuschen", die online nicht in dieser Form stattfinden. Der kleine Tratsch in der Kaffee-Pause und der Kamin-Abend bei gutem Wein sind soziale Faktoren, die trotz der Bemühungen vieler Plattformen online so nicht stattfinden können.

Meine Strategie ist es, in erster Linie ein Online Business zu führen, dieses aber durchaus durch Offline Events zu bereichern. Worüber du dir hierbei bewusst sein muss, ist dass ein Medien-Bruch stattfindet:

Denn wenn deine Teilnehmer:innen schon online sind, also zum Beispiel in deinem Online Kurs oder deinem Live Zoom Meeting oder auch auf deiner Webseite, dann kommen sie mit einem Klick auf dein Angebot.

Offline ist das hingegen immer mindestens ein Schritt mehr. Doch zum Glück heute ein viel kleinerer als vor noch ein paar Jahren, da jeder ständig sein Smartphone mit sich herumträgt.

Wenn du also in erster Linie eine große Liste von Interessent:innen sammeln willst, die sich in deinen eMail-Verteiler eintragen, dann solltest du dir bei jedem Offline Meeting die Frage stellen, wie du deine neuen Bekanntschaften möglichst schnell dazu bringst, in deine Liste zu kommen.

Visitenkarten

Ein ganz einfaches Mittel hierzu ist deine Visitenkarte: Schon seit vielen Jahren findest du auf der Rückseite meiner Karte eine Werbung für mein aktuelles Freebie. Einfacher geht es nicht. Denn anstatt nur die Startseite (auf der Vorderseite) zu teilen, die ja an und für sich für Listbuilding Zwecke nicht so spannend ist, finden meine neuen Kontakte auf der Rückseite gleich ein attraktives Angebot, das sie gerne kostenlos annehmen, wenn sie mein Thema auch tatsächlich interessiert (und die anderen sind sowieso nicht meine Kunden).

Hier ein Beispiel:

Flyer

Menschen, die du offline triffst, etwas in die Hand zu geben, halte ich immer für eine gute Idee. Vor allem, wenn hier gekonnt mit wenigen Worten und guten Bildern Anreize und Neugier für mehr geschaffen werden.

Wenn ich irgendwo eingeladen werde, wo es klassische Vorstellungsrunden mit Elevator-Pitch gibt (zum Beispiel diverse Frühstücks-Netzwerke), mache ich mir immer die Arbeit, mein aktuelles Freebie-Angebot auf eine A5 Seite zu drucken und davon genügend Flyer mitzunehmen.

Wenn es den Aufwand wert ist, kreiere ich sogar ein eigenes Event für diese Menschen.

So tragen sich dann meine neuen Bekannten in mein nächstes Live Webinar oder einen Workshop ein und sind somit in meiner Liste – und wenn es ihnen gefällt, dann bleiben sie auch.

Hier ein Beispiel für Vorder- und Rückseite von einem A6 (Postkartengröße)-Flyer, den ich für die Offline Bewerbung meinen Online Kongresses kreiert hatte.

So geht Listbuilding!
Der Online Kongress

3.-7. April 2020

"Wie komme ich bloß an Interessenten und Käufer?"

Hole dir hier jede Menge Tipps von den Experten!

jetzt anmelden!

Ralf Schmitz * Christine Hofman * Susanne Pilickat Tongen * Nicole Franken * Miriam Betancourt * Jana Misar * Sandra Picha Kruder * Sandra Süßelbeck *Andreas Klar * Denise Schröcke * Shakila Stopherm * Susanne Wallis * Christina Schiorski * Loonic & Markus Walter * Liz Wunder * Irene Collner * Niki Ernst * Eva Aberz * Katja Putzcledner * Alexandra Seele * Svoklina Diak * Michaela Engelbrecht * Anita Raidl * Mark Orward * Christina Bajer * Saalke Voltheer * Insa Kürvel * Cäcilie Jemmett * Angelika Buchmayer * von und mit **Meike Hohenwarter**

meikehohenwarter.com/listbuilding-kongress

Speaking

In letzter Zeit werde ich auch immer öfters eingeladen, auf Bühnen zu sprechen. Nicht immer und überall ist es erlaubt oder angebracht, direkt in einer Rede ein Produkt zu verkaufen. Doch ein Freebie-Angebot kannst du immer machen. Am besten teilst du den Link direkt in deiner Powerpoint-Folie. Fordere dein Publikum auf, die Folie zu fotografieren und gib eine zeitnahe Deadline. Du wirst sehen, alle Interessent:innen werden sich jetzt und hier gleich anmelden.

Darüber hinaus hat man auf solchen Offline Kongressen und Messen meist die Möglichkeit, auch mit einem Stand vertreten zu sein. Teile im hier aufliegenden Werbe-Material ebenfalls lieber einen Freebie-Link anstatt deiner lange nicht so aufregenden Homepage!

Bücher

Um noch mehr als Expertin gesehen zu werden, rate ich dir auch dringend dazu, früher oder später ein Buch zu deinem Thema zu schreiben. Damit wirst du nicht reich, aber es unterstreicht deine Autorität ungemein.

Auch hier ist es angesagt, dem Medien-Bruch strategisch zu begegnen und deine Leser:innen möglichst rasch und intuitiv in deine eMail-Liste zu bekommen.

Du kannst sie natürlich einfach einladen, sich in deinen Newsletter einzutragen, doch das hatten wir anfangs schon besprochen, dass hier die Erfolgsquote sehr gering ist. Viel besser ist es, ihnen zusätzliche Downloads mit Mehrwert anzubieten, zum Beispiel weiterführende Videos, Vorlagen, Meditationen, Rechner und ähnliches. Hierzu tragen sie sich dann in deine Liste ein. Ich bin dir auch hier mit Beispiel vorangegangen. Du hast meine Aufforderung am Anfang und Ende dieses Buches sicherlich gesehen:

Hole dir jetzt alle Expertinnen-Interviews auf Video, alle Links zum Klicken, meine Tool-Tipps, meine Buch-Tipps und noch so viel mehr!

Einfach QR Code scannen und kostenlos bestellen, oder hier den Link klicken: https://www.meikehohenwarter.com/bonus-listbuilding-buch-bestellung

Auch der Verweis auf weiterführende Blog-Artikel führt sie auf deine Webseite und somit dann hoffentlich ebenfalls in deine eMail-Liste. Das funktioniert leicht in eBooks, wo Hyperlinks gesetzt werden können. Schwerer ist es in physischen Büchern. Doch wenn der Mehrwert groß genug ist, werden sich viele die Mühe machen, das Buch kurz wegzulegen und den Computer einzuschalten. Oder du löst es wie ich hier mit einem QR Code und klickbaren Links in den Ressourcen.

Co-Buch-Projekte

Zum Thema Bücher möchte ich auch noch auf eine weitere Art der Kooperation verweisen: Co-Buch-Projekte werden immer beliebter. Ich selbst habe (Stand 2021) bei sieben Projekten mitgemacht. Und auch hier kannst du dir überlegen, ob du selbst ein solches initiieren willst.

Co-Buch-Projekte erscheinen zu einem bestimmten Thema und mehrere Expert:innen schreiben jede/r ein Kapitel mit ihren Erfahrungen und Tipps. All diese Beiträge erscheinen dann in einem Buch, das wiederum von allen Expert:innen kräftig beworben wird. Oft hast du die Möglichkeit, einen Link in deinem Beitrag zu teilen. Meist gibt es auch Online Hully Gully rund um das Erscheinen des Buches, wie zum Beispiel eigene Facebook Gruppen oder Live Shows. Hier meine Co-Bücher bisher:

BONUS: DIE TIPPS DER EXPERTINNEN

BONUS:
11 großartige
Expertinnen-
Tipps!

Shailia Stephens:
„Listenaufbau nach den eigenen Regeln"

Als ich im Jahr 2009 mit meinem Online-Business begann, war ich der Überzeugung, dass es eine „richtige" und eine „falsche" Art und Weise gibt, wie man Dinge angeht.

Zum Beispiel müsse man während eines Webinars exakt XY sagen, um sich richtig zu positionieren und um einen Umsatz Z zu generieren. Oder man müsse fünfmal am Tag diesen und jenen Content posten, um online Sichtbarkeit, Vertrauen und Community aufzubauen. Angebotene Programme müssten diesen oder jenen Preispunkt haben, sonst würde man sich selbst nicht ernst nehmen, und damit auch nicht von anderen ernst genommen.

Zu dieser Zeit vermittelten die „Business Influencer" der Online-Welt ihre Erfolgsformeln für all diese Themen, natürlich auch für den Listenaufbau. Sie haben diese sicher als hilfreichen Leitfaden gemeint. Doch ich war überzeugt, dass ich die Regeln, die sie vorgaben, eins-zu-eins befolgen müsse, um es „richtig" zu machen.

Eine Sache, die ich oft von ihnen gehört habe, war „gib deinen Kunden die Milch, aber nicht die ganze Kuh". Das bedeutet so viel wie, gib deinem anvisierten Publikum einen Teil von dem was du weißt, aber nicht alles ... beziehungsweise gib nicht zu viel deines Wissens preis.

Eine andere Aussage, die ich oft gehört habe, war: „vermittle deine Inhalte in kleinen, verdaulichen Portionen". Das bezog sich darauf, Freebies zu erstellen, die man innerhalb kürzester Zeit schnell lesen oder anhören kann. Zum Beispiel, lieber eine 1-seitige Checkliste und als ein 20-seitiges E-Book. Oder eher ein 10-minütiges Video-Training und kein 90-minütiges Webinar als Give-away.

Ehrlich gesagt, waren meine Freebies anfangs nicht allzu gut und auch nicht besonders effektiv. Vor allem, weil ich versucht habe, meine Inhalte in ein Format zu pressen, von dem andere sagten, es sei das Einzige, das der Markt akzeptiere, um eine größere Liste aufzubauen. Es war sehr wenig Herzblut und kaum persönliche Kreativität in meiner Strategie zum Listenaufbau enthalten, weil ich ständig auf den vermeintlichen „Standard" fokussiert war ... und auf das, was andere vorgaben und empfahlen.

Dann, im Jahr 2015, sechs Jahre nachdem ich mein Online-Business gestartet hatte, entdeckte ich etwas grundlegendes Anderes. Ich entdeckte meine eigene, verlässliche Weisheit im Inneren. Ich entdeckte, dass ich meine eigenen Regeln aufstellen kann. Ich realisierte, dass ich all das tun kann, von dem ich mich inspiriert fühle, und darauf vertrauen kann, dass mich diese Inspiration dabei unterstützen wird, mein Business und mein Geschäft aufzubauen.

Aber was genau war meine Inspiration zu dieser Zeit?

Ich war davon inspiriert, die ganze Kuh – also, mein gesamtes Wissen aus über 20 Jahren im Marketing – weiterzugeben an meine potenziellen Kunden und jeden, der es nutzen möchte. Und ich wollte dies tun, indem ich viele – insgesamt 20 – intensive und gehaltvolle Online-Trainings hielt – und zwar komplett kostenlos! Ich war davon inspiriert ein Online-Portal mit dem Namen „The Point" aufzubauen, auf dem ich diese Trainings für alle Interessierten bereitstellen konnte.

Viele meiner Kollegen und Mastermind-Partner sagten mir, das sei verrückt und haben mir davon abgeraten, all mein Wissen einfach so wegzugeben. Aber ich folgte meinem Herzen und meiner inneren Weisheit. Und was war das Resultat?

Das Resultat waren kraftvolle Webinar-„Sprints", an denen tausende loyale Anhänger an so vielen Trainings teilnahmen, wie sie nur konnten. Das Ergebnis war ein neues, einzigartiges Online-Programm mit dem Namen „Successful Soulopreneure System", das auf Basis der aufgezeichneten Trainings entstand. Das Resultat war ein bemerkenswerter Umsatz aus dem Verkauf des Online-Selbstlernkurses und viele, viele Buchungen von Premium-1-zu-1- und Gruppen-Coachings durch die Teilnehmer der kostenlosen Trainings.

Ein Jahr in regelmäßigem und nahem Kontakt mit den Menschen auf meiner E-Mail-Liste und den Menschen, denen sie es weitergesagt haben, führte zu über drei Jahren von konsistenten Erfolgen.

Aber sei bitte nicht geblendet von meinen Ergebnissen ...

In dieser Geschichte geht es nicht um mich, sondern vielmehr darum, dir einen Einblick zu geben, in das Potenzial deiner eigenen inneren Weisheit. Es geht darum, dass du die Möglichkeit erkennst, das Regelbuch wegzuwerfen, das du oder jemand anderer aufgestellt hat.

Es geht darum, dass du in dir nach deiner inneren Führung schaust ... nach der Inspiration für das, was sich aus dir heraus im Zusammenhang mit deinen Zielen für den Listenaufbau ausdrücken möchte. Es geht darum, eine Verbindung mit deiner Intuition aufzubauen und dem natürlichen Fluss des Lebens zu vertrauen.

Und ich bin sehr gespannt darauf herauszufinden, was du in dieser neuen und frischen Welt erschaffen wirst, das möglicherweise noch nie jemand zuvor gesehen oder getan hat!

Herzliche Grüße von deiner „Wisdom Inside"-Business-Mentorin

Shailia

Shailia Stephens ist Mitgründerin von „Lea & Shailia", ein Online-Coaching- und Coach-Training-Anbieter mit Fokus auf die „3 Prinzipien" und entspannten Erfolg. Shailia hat ein MSc in Executive Management mit Schwerpunkt Wirtschafts-Coaching und Training von der Uni Wien. Sie ist zertifizierter ICF und Advanced Transformative Coach. Shailia arbeitete 14 Jahre im Online-Marketing bevor sie sich vor 12 Jahren als Online-Business-Coach selbständig machte. Sie ist gebürtige Amerikanerin und lebt mit ihrer Familie im Taunus bei Frankfurt am Main. Bei jedem Wetter findet man Shailia draußen mit ihrem Dalmatiner DUKE.

https://www.shailiastephens.com/

Susanne Pillokat & Nicole Frenken: „Die Lust am List-Building oder: Mehrwert statt Masse"

Listbuilding ist ja bekanntlich kein Selbstzweck unter dem Motto „Je mehr, desto besser". Wir empfehlen nicht nur in der täglichen Arbeit mit Deinen Kunden, sondern auch bei ihrer Akquirierung und Gewinnung unsere Maxime „Mehrwert statt Masse".

Wir betrachten übrigens alles aus der „Mehrwert-Brille", weil wir Menschen nur dann anziehen, binden und zu Kund_innen machen, wenn wir ihr Leben merklich verbessern oder verändern – wenn wir also ehrlich interessierten Menschen echten Mehrwert geben.

Nur dann füllen wir unsere Liste qualitativ hochwertig – nämlich mit den eMail-Adressen derjenigen Menschen, die sich für unser Thema interessieren und sich mit uns wirklich verbinden wollen. Denn es kommt nicht auf die Menge der Kontakte Deiner eMail-Liste an, sondern auf die Öffnungs- und Konversionsraten. Das ist natürlich nichts Neues. Aber auch wir vergessen dies immer mal wieder und schielen nur auf die erste große Zahl – statt die dahinterliegenden (wie eben die *conversion rate* etc.) genauer zu analysieren. Das sollten wir aber, denn wir möchten doch nicht in erster Linie den Weltrekord in List-Building knacken, sondern lieber jenen in „Confidence- und Turnover-Building" – oder anders ausgedrückt: Wir suchen doch in unserem Herzbusiness nicht Quantität, sondern diejenige Auswahl an Kundinnen und Kunden, die sich „heiß" für unser Themengebiet interessieren und sich über neuen Input zu „unserem gemeinsamen Leidenschaftsthema" wirklich freuen – und am Ende unser Produkt auch KAUFEN.

Und wenn Du (wie wir) Premium-Anbieterin bist, die sich auch von ihrem Angebot her nicht auf die Riesenmasse stürzt, sondern auf eine anspruchsvolle Kunden-Auswahl, dann gilt dieses Gütekriterium natürlich noch viel mehr. Dann ist es wichtig, die inhaltlich matchenden Aspirantinnen zu finden und nicht tausende „nur peripher Interessierter".

All diejenigen in unserer eMail-Liste, die sich nicht über unseren Input freuen, weil sie das Thema nicht (mehr) tangiert, dürfen sich gerne aus der Liste austragen. Es ist gut und richtig, dass wir dann nicht über den eMail-Austausch verbunden sind. Sie verstopfen nur unsere Kanäle!

Wie füllen wir aber nun unsere Herzensliste mit denjenigen Menschen, die später zu potenziellen Kunden werden?

2 x 2 Impulse von uns dazu:

1) **Lustvoll!** Veranstalte Online-Kongresse, Online-Events etc., die Dir selbst Spaß machen. Wenn sie Dir Freude bereiten, interessieren sich auch Deine Follower und potentiellen Kund_innen dafür. Vielleicht überlegst Du, was Dir damals in der Situation wirklich richtig geholfen hätte, als Du in der Situation Deiner Kundschaft warst?

2) Mit Freebies und Kostproben Deiner Arbeit (Webinaren etc.), die wertvoll sind. Fachlich **wertvoll**, aber auch wertvoll für Dich und den weiteren Vertrauensaufbau (der Kunden in Dich und Dein Angebot). Wertvoll ist es dann, wenn Du die Kontakte nicht nur sammelst, sondern sie zum Austausch animierst und ihnen immer wieder Deine Expertise schenkst. Vielleicht ist in Deinem Funnel eine Aufforderung, sich an einem Gedankenaustausch in der Facebook-Gruppe zu beteiligen? Oder ein Tipp, der Dich selbst schon meilenweit gebracht hat? (Löse Deine *value propositions* aber auch wirklich ein)

3) **Gemeinsam ist man stärker** – mit welchen Kolleginnen und Kollegen könntest Du ein „bubble-sharing" vereinbaren? Du launchst ihre Veranstaltung und umgekehrt?

4) **Bleibe authentisch** – ein Podcast oder ein Blog sind tolle Möglichkeiten, Deine Liste zu füllen. Auch Gastbeiträge in fremden Blogs. Aber gönne es Dir und Deiner Glaubwürdigkeit, hier nur die Kanäle zu bespielen, auf die Du wirklich Lust hast. Man hört, sieht und spürt es ohnehin als potenzieller Kunde. Und nur die, die sich mit Dir und Deinem echten Sein und Wirken verbinden wollen, bleiben längerfristig und kaufen. Darauf kannst Du bei Deinem lustvollen List-Building „mit Herz" gut vertrauen.

Enjoy! Deine Susanne und Nicole

Susanne Pillokat und Nicole Frenken sind Onlinebusiness-Mentorinnen & Erfolgsexpertinnen für selbständige Frauen. Zusammen haben sie „Mein bestes Jahr" gegründet und haben viele Jahre lang die Business-Workbooks für ein erfüllteres und erfolgreicheres Leben für Selbständige herausgegeben. Ihre Mission ist es, Frauen dabei zu unterstützen, mit ihrem Herzensthema erfolgreich ein Business auf- und auszubauen.

Susanne und Nicole kennen sich seit 30 Jahren, sind jeweils seit 25 Jahren selbständig und haben in der jeweils anderen die perfekte Ergänzung gefunden, um Online-Unternehmerinnen umfassend begleiten und aufbauen zu können. Ihr Mindset-Power-Programm "UP-Lift" basiert auf Bob Proctors „Thinking into Results" und wirkt bei ihren Mentees wie eine Umsatzrakete, weil es beim größten Erfolgsfaktor ansetzt: Unserem inneren Selbstbild, unseren Glaubenssätzen und unseren allerwichtigsten Lebenszielen.

https://up-lift.de/

Denise Schäricke: „Online Marketing ist wie Kochen und Backen"

Meine Oma war Näherin für Fischernetze. Das hat sie gelernt. Das hat sie täglich getan und ja, offensichtlich waren ihre Netze auch gut, denn sonst hätte sie ja nicht jahrelang für diese Fischerei gearbeitet und Netze für sie gefertigt. Ob ihr das Freude gemacht hat… keine Ahnung. Sie hat es einfach getan.

Aber worin sie wirklich aufging, war Backen und Kochen. Es gab für sie nichts Schöneres, als für ihre Familie und Freunde ein leckeres Essen auf den Tisch zu bringen und alle zu bewirten. An das Leuchten in ihrem Gesicht erinnere ich mich heute noch so gut, wenn sie in der Küche ihre Kochlöffel schwang und wusste, dass ihre Lieben gleich eintrudeln würden.

Jetzt hat meine Oma Kochen und Backen nie wirklich gelernt und doch schmeckte mir ihr Essen viel besser als in den Restaurants oder der Kuchen vom Bäcker. Und sie hielt sich noch nicht einmal an Rezepte, sondern sie schmiss die Zutaten einfach so zusammen, wie sie es für schmackhaft hielt und jedes Mal kam etwas unfassbar Leckeres dabei raus. Mir läuft jetzt noch das Wasser im Mund zusammen, wenn ich an diese Zeiten denke.

Was hat das jetzt mit Online Marketing zu tun?, fragst du dich vielleicht.

Nun, ich habe Omas Back- und Kochtalent nicht geerbt. Damit bei mir etwas Leckeres auf den Tisch kommt, muss ich mich an Rezepte halten. Sobald ich Omas Freestyle versuche zu kopieren, kommt in der Regel nichts wirklich Essbares dabei heraus.

Beim Online Marketing ist es ganz genauso. Solange du nicht wirklich weißt, was du tust, kann ich dir nur empfehlen, dich an bestimmte und von anderen bereits erprobte Strategien zu halten. Was bei so vielen anderen funktioniert, wird auch bei dir funktionieren.

Ob du dir deine Liste aufbaust durch Freebies, die du herausgibst oder indem du Challenges startest, Blog Artikel schreibst, Empfehlungen durch andere für dich aussprechen lässt, Facebook Ads schaltest... die Möglichkeiten sind so vielseitig und jede auf ihre Art funktioniert für sich.

Warum nutze ich dann all diese Möglichkeiten nicht aktiv, um meine Reichweite auszu- und meine Liste aufzubauen?

Weil es mir hier geht wie meiner Oma mit ihrem Back- und Kochtalent. Ich habe so viele Strategien ausprobiert und alle fühlen sich für mich nicht stimmig an. Ich war von ihnen sehr schnell eher genervt, weil ich wusste: Ich muss jetzt noch was posten. Ich muss jetzt noch was kreieren. Ich muss das so und so machen, dass es funktioniert. Ich muss... Ich muss... Ich muss...

Und irgendwann kam der Moment, an dem ich mir gesagt habe: Ich muss gar nichts... und nur noch gemacht habe, was sich für mich gut und stimmig angefühlt hat. Ja, das war auch mal ein Blogartikel. Ja, das war auch mal ein Audio mit meinen Gedanken, ja, das war auch mal eine Challenge... aber immer mit dem Hintergedanken: Was kann ich anderen Gutes tun? Was brauchen meine Follower gerade jetzt? Und nie mit dem Ziel, eine Liste aufzubauen (ich habe bis heute keine aktive Liste, ich schreibe bis heute keine Newsletter... ich lese ja selbst keine).

Und als ich mir erlaubt habe, mein Online Marketing mit dem selben Freestyle und Spaß zu betreiben wie meine Oma gekocht hat, fiel es mir auf einmal total leicht, mich sichtbar zu machen und der innere Druck von „Ich muss noch..." war nicht mehr da. Und das Faszinierende daran: Auf einmal lief es wie von alleine. Als ob meine Interessenten und Follower gespürt haben, dass ich keinem aufgesetzten Programm mehr folge, sondern dass sie nun mich in meiner wahren Essenz und Leichtigkeit bekommen. Wenn ich jetzt mal zwei Tage lang nichts poste, fragen meine Follower schon nach, ob bei mir alles in Ordnung ist.

Also, ich kann dich nur einladen: Nutze all die tollen und erprobten Strategien, wenn du wirklich keine Ahnung hast, was du da tust.

Aber dann, wenn du dies eine Weile für dich ausprobiert hast, dann bitte erlaube dir, dich zu fragen: Was davon macht mir wirklich Spaß? Worauf habe ich wirklich Lust? Und dann mach bitte das. Deine Fröhlichkeit, deine Leichtigkeit, dein wahres Selbst schwingen in allem, was du machst, mit und dein Gegenüber spürt zu jeder Zeit, mit welcher Energie du was gepostet, erstellt oder kreiert hast. Weg von „Ich muss noch..." und hin zu „Ich will das schnell noch..."

Deine Denise

Denise Schäricke ist die Lifestyle Architektin und Mentorin für spirituelle Business Rockstars. Sie arbeitet mit Frauen in den besten Jahren, deren Leben sich anfühlt wie ein altes Lieblingskleid, das einfach nicht mehr richtig passt. Diese Frauen wünschen sich einen neuen Lebensstil, ein neues Business, neue Leichtigkeit und Klarheit in ihrem Leben. Denise verbindet klassisches Coaching mit Energiearbeit und gemeinsam kreiert ihr neue Wege und Perspektiven, die wieder perfekt zu dir passen.

https://www.denise-schaericke.com/

Irene Fellner:
„Offline und online verbinden"

Irene Fellner ist Expertin für Frauen in der Lebensmitte und Gründerin des seit 2012 bestehenden Seminarzentrums Soul Sisters in Wien.

Sie begleitet Frauen in den Umbruchsjahren zwischen 40 und 60, wo sich noch einmal vieles im Leben ändert. In Familie, Beruf und körperlich. Daraus resultieren Krisen, aber auch die Chance, sich noch einmal ganz neu auszurichten, sich wie ein Phönix aus der Asche zu erheben und den nächsten Lebensabschnitt glücklich und erfüllt zu gestalten.

Listbuilding durch Veranstaltungen

Irenes erste 20 Adressen gehörten den Eltern der Schulfreunde ihrer Kinder. Glücklicherweise hatte auch ihre Grafikerin empfohlen, von Anfang an E-Mail-Adressen über die Webseite zu sammeln, direkt mit dem Anmeldeformular für Veranstaltungen.

Bei Vorträgen, Seminaren und den regelmäßigen Soul Cafés werden offline Kontakte gesammelt. Außerdem hat sie ein Expertennetzwerk aufgebaut, um ihren Besucherinnen eine noch größere Themenvielfalt bieten zu können. Etwa in den Bereichen Beziehung, Finanzen, Gesundheit und Business. Nach den Experten-Vorträgen haben die Besucher die Möglichkeit, Fragen zu stellen. Die Vortragenden können in diesem Rahmen auch ihre Angebote präsentieren. Das Prinzip ist immer gleich: Experten werden eingeladen und laden als Gegenleistung ihre Leute ein. Auch durch Raumvermietung vergrößert sich die Interessentenliste.

Online mehr Interessenten erreichen

Irene gibt zu, dass ihre ersten E-Mails bzw. Newsletter weit entfernt von professionell waren. Sie hatte keine Ahnung von Online-Marketing. 3 Jahre später änderte sich das: Mit der steigenden Bekanntheit des Souls Sisters-Zentrums war die Kapazitätsgrenze der Seminare erreicht, die sie noch persönlich durchführen konnte. Mit Online Marketing war es möglich, einen viel größeren Kreis anzusprechen. Irenes erstes Freebie war ein E-Book. Etliche weitere folgten, der Listenaufbau funktionierte. Gerade hat sie ein neues entwickelt: Eine 5 tägige, kostenlose Challenge zum Thema: „Feel Good – in stürmischen Zeiten"

Online Kongress: Liste verdoppelt

Vor 2 Jahren wagte sich Irene an die Durchführung eines Online Kongresses. Mit Erfolg. Ihre Liste verdoppelte sich von 3.500 E-Mail-Adressen auf fast 7.000 Kontakte.

Ja, es war eine Herausforderung und eine Menge Arbeit, doch der Kongress hat ihr auch sehr viel Freude gemacht - vor allem die Interviews - und großartiges Feedback erhalten.

Heute hat Irene Online Kurse (aktuell zur Krisenbewältigung) und einen Mitgliederbereich.

Und sie hat kürzlich ein Buch veröffentlicht mit begleitendem Kurs. So entsteht gerade eine stimmige Verbindung von Offline und Online.

Welcher Kanal ist der passende?

Allen, die jetzt online gehen wollen (oder müssen aufgrund der aktuellen Situation), rät Irene zu einem schnellen Start. Mit einem Freebie (Geschenk) können sofort Adressen eingesammelt werden. Es sollte hochqualitativ sein und einen guten Eindruck der Arbeit vermitteln, kann jedoch etwas ganz Einfaches sein. Etwa eine Checkliste mit Tipps aus dem Expertengebiet und sollte in ein weiteres Produkt leiten, zum Beispiel einen passenden Online Kurs. Es ist auch wichtig herauszufinden, welcher Kanal zu einem passt und welcher eher nicht. Nach einer Experimentierphase musste sie sich eingestehen, dass ihr die Art der Kommunikation auf Facebook überhaupt nicht liegt. Irene spricht gerne, mag es, Videos zu produzieren und Content zu erstellen. Daher wird ihr nächster Schritt ein Video-Blog sein. Wann immer Irene offline zu Vorträgen eingeladen wird, hat sie eine Liste dabei, in die Besucher sich für den Soul Sisters-Newsletter eintragen können.

Experten-Tipp: schneller Start. Adressen sammeln mit einem einfachen, aber hochqualitativen Freebie (z.B. Checkliste), das einen Eindruck deiner Arbeit gibt und in ein weiteres Produkt leitet.

Irene Fellner

Mag.ª Irene Fellner, MBA ist Gründerin des Frauenzentrums Soul Sisters und begleitet Frauen aus den Umbrüchen der Lebensmitte in einen neuen Lebensabschnitt. Ziel ist, dem eigenen Leben wieder Freude und Sinnhaftigkeit zu verleihen und neue, erfüllende Aufgaben zu finden. Dafür bietet sie on- und offline Coachings und Seminaren an und lädt zu vielen kostenlosen Vorträgen und Veranstaltungen ein.

https://www.soulsisters.at/

Sandra Picha-Kruder:
„Listbuilding im Network Marketing"

Eines der ersten, grundlegenden Dinge, mit denen man im Network Marketing konfrontiert wird, ist Listbuilding. Von Anfang an wurde mir gesagt, wie wichtig meine Namensliste ist und dass ich diese ständig erweitern soll, denn darin liege mein Potential. Und genau das habe ich gemacht und wurde dadurch zu einer der erfolgreichsten weiblichen Network Marketing Expertinnen im deutschsprachigen Raum, in der D-A-CH Region.

Jedem neuen Teampartner erkläre ich Folgendes:

1. Schreibe zuallererst eine Liste mit allen Leuten, die du kennst. Unterscheide dabei nicht, ob du sie für geeignet hältst, ob du sie magst oder nicht, schreibe einfach ALLE auf. Denn durch jeden einzelnen, den du mit der Hand notierst und an den du bewusst denkst, fallen dir noch mehr Menschen ein. Im Schnitt kennt jeder von uns zwischen 800 und 1000 Personen. Im nächsten Schritt nimmst du dir drei Marker in den Farben grün, gelb und rot. Jetzt markierst du alle grün, bei denen es für dich kein Thema ist, sie anzurufen. Gelb werden alle, bei denen du dir noch unsicher bist, wo du die Ansprache mit deinem Sponsor besprichst. Und rot

angestrichen werden alle jene, für die du einen erfahrenen Sponsor und Networker an deiner Seite beim Termin haben möchtest. Mit der Zeit wirst du selbstsicherer und Gelbe werden zu Grünen, usw.

2. Bevor es nun daran geht deine Liste abzuarbeiten, vergiss nicht, dass du eine Entscheidung getroffen hast und im Network Marketing tätig sein willst. Also steh auch zu dieser Entscheidung, denn wenn du von etwas nicht zu 100% überzeugt bist, dann merkt man dir das an. Außerdem empfehlen wir doch auch Restaurants, Filme, Bücher, gute Ärzte und Therapeuten, Produkte, die uns gefallen und noch mehr ständig weiter. Ganz automatisch und ohne Hintergedanken. Der einzige Unterschied ist jetzt, dass du anderen etwas empfiehlst, weil du davon überzeugt bist, dass es ihnen guttun wird, du ihnen hilfst und dafür Geld für deine Empfehlung verdienst.

3. Das Wichtigste überhaupt ist zu wissen, dass ein Nein zu dem Produkt oder zum Business, kein Nein zu DIR ist. Also nimm es nicht persönlich. Bitte frage trotzdem um eine Empfehlung. Vielleicht kennt der- oder diejenige jemanden für den dieses Produkt oder dieses Business genau das Richtige sein könnte. Durch einen Kontakt entstehen bis zu 400 neue Kontakte. Du wirst eine Empfehlung aber nur dann erhalten, wenn du vorher auch überzeugt und abgeliefert hast und eine Beziehung sowie Vertrauen zu der Person aufbauen konntest.

4. Durch die Macht der Gästeliste, bin ich auch immer an neue Kontakte gekommen. Wenn ich bei jemandem einen Infoabend gemacht habe, habe ich immer eine Gästeliste herum gehen lassen, bei welcher ich aber die erste Zeile schon ausgefüllt hatte, denn dadurch wurden

auch von den anderen Anwesenden immer alle Daten vollständig ausgefüllt.

Mein absoluter Geheimtipp zum Thema Organisation deiner Liste zum Schluss: Ninox. Als ich vor fast zwei Jahrzehnten begonnen habe, habe ich alles handschriftlich gemacht. Mit der Zeit ist diese Methode aber etwas ineffizient geworden. Man verliert den Überblick und kann deswegen die Nachversorgung nicht optimal gewährleisten und immerhin lautet in meinem Business die Devise: „Wir arbeiten von Anruf zu Anruf". Deswegen habe ich nach einer einfachen, günstigen und flexiblen Onlinelösung gesucht, für die man kein Computergenie sein muss und diese in Ninox gefunden. Ich kann mir die Datenblätter flexibel, wie mit einem Baukasten zusammensetzen und es sehr einfach in meinen Alltag integrieren.

Vergesst bitte nie Empfehlungen sind Gold wert.
Eure Sandra Picha-Kruder

Sandra Picha-Kruder hat im Alter von 29 Jahren ihre Berufung nach einer privaten Herausforderung gefunden. Sie war bis dahin als diplomierte Operationsschwester und Lehrerin tätig. Heute ist sie in über 20 Ländern aktiv und internationale Sprecherin, sowie Expertin im Bereich smartes Networkmarketing. Sie ist NLP Trainerin, hat zusätzlich eine Hypnoseausbildung und begleitet Frauen in ihre neue Zukunft als freie Unternehmerin mit System für mehr Freude, Zufriedenheit, Geld, Anerkennung, Erfolg, Erfüllung und Liebe.

https://aloeshopping.at/

Angelika Buchmayer:
„ Durch Kooperationen wachsen"

„Das kleine Schwarze" - die Liste aus Gold

Beim Listbuilding ist langfristiges Denken und Tiefgang gefragt. Neben Newsletterabonnenten und Followern ist die Liste der Kooperationspartner, das „kleine Schwarze", das unverzichtbare Herzstück aller Vermarktungsaktivitäten – egal ob online oder offline. Sie beinhaltet jene Multiplikatoren, die weiterempfehlen und neue Bühnen bieten. Menschen, mit denen man längerfristig zusammen-arbeiten und Projekte umsetzen möchte. Die Personen auf dieser Liste sind handverlesen und sollten auch persönlich kontaktiert werden. Neid oder Angst davor, sich gegenseitig etwas wegzunehmen, ist nicht angebracht. Der Grundgedanke der Kooperation ist, sich gegenseitig weiterzuhelfen, einander hochzuheben und die Expertise des anderen uneigennützig zu pushen. Auf diese Art und Weise kommen beide zu neuer Reichweite, Verbreitung der Produkte oder Serivceleistungen und letztendlich zu beträchtlichen Umsatzsteigerungen.

Wie findet man nun diese Gleichgesinnten bei denen Wellenlänge und Werte mit den eigenen übereinstimmen?

Angelika Buchmayer, Expertin für Experten, schreibt aktiv Menschen an, die sie persönlich interessieren. Zuerst wird geprüft, was sie für diese tun kann, welche Türen sie für sie öffnen könnte, welche Needs sie erfüllen kann. Einfühlsam wird überlegt, welche Maßnahmen für diese Person einen Mehrwert bieten können. Die Vorteile liegen auf der Hand, Lösungsansätze oder maßgeschneiderte Goodies erleichtern die Kontaktaufnahme und bieten eine schnelle Vertrauensbasis.

Personen auf der „kleinen schwarzen" Liste fühlen sich wahrgenommen, ernstgenommen und begegnen dem Gegenüber auf Augenhöhe. Wann immer es möglich ist, erfolgt ein Matching der eigenen Kontakte (z.B. passende Experten für den Listbuilding Kongress). Die Kooperationsmöglichkeiten sind vielfältig: gemeinsame Facebook Lives, Austausch zu Frauen- und Businessthemen (z.B. am Weltfrauentag), Gastartikel auf dem Blog, Aktionen wie die Freebie-Parade, gegenseitige Erwähnung im Newsletter, Affiliate-Partnerschaften. Wenn alle Beteiligten die Botschaften teilen, fördert das die Sichtbarkeit und führt zu größerer Reichweite der eigenen Person und Marke.

Offline, online oder beides?

Online Präsenz ist wichtiger denn je, doch - the trick is in the mix. Offline-Kontakte weiter pflegen und Online-Kontakte aufbauen heißt die Devise, wenn es um den Erfolg des Business geht.

Experten-Tipp: Die Netzwerkregel für Kooperationen lautet: geben, geben, geben und dann erst nehmen. In der heutigen Zeit ist es eher sogar fünf Mal geben und dann erst nehmen.

Angelika Buchmayer: Trainer, Berater und Coaches, die sich einen Namen am deutschsprachigen Onlinemarkt machen wollen, sind bei der Expertin für Experten genau richtig. Eine glasklare Positionierung, ein unverwechselbarer Außenauftritt sowie der Aufbau eines strategischen Netzwerks für Sichtbarkeit und Reichweite sind ihr Erfolgsgeheimnis.

Die Erfolgsbeschleunigerin verbindet Visionäre, Querdenker, Unternehmer und Experten, die mit ihrer Mission, ihrer Message, ihren Werten, ihrer exzellenten Leistung und ihrem Wissen sowie Erfahrung punkten möchten und sich handverlesen miteinander in exklusiven Events und Mastermind-Circles mit anderen wichtigen Business-Playern treffen, um gemeinsam zu wachsen und neue Chancen für sich zu entdecken.

https://angelikabuchmayer.com/

Jyotima Flak: „Die 10 besten Tipps, um erfolgreich einen Bestseller zu veröffentlichen"

Möchtest du ein Buch veröffentlichen? Hier zeige ich dir, wie du auch ohne Verlag und große Liste an E-Mailadressen ein Buch veröffentlichen kannst, welches sogar Bestseller wird. Wichtig, binde deine Community mit ein:

1.   **Expertenstatus.** Ein Buch ist nach wie vor das Katapult zu deinem Expertenstatus und in das Herz deiner Kunden. Wie kannst du dich also in Erinnerung bringen? Was wäre das schönste Werk auf deinem Messestand? Schreib es.

2. **Beginne das Marketing ab dem Moment des Schreibens.** Nimm deine Leser mit auf die Reise. Also ab dem Moment, wo du die Idee realisierst, beginnt deine Promotion. Frag deine Fans nach dem Inhalt, mache Umfragen usw. Umso mehr begeisterte Käufer hast du später.

3. **Schreib es nicht alleine.** Werde fertig, bevor es dich anstrengt, ansonsten hol dir Hilfe. Buchprojekt, Expertenbeitrag. Bevor es drei Jahre in der Schublade liegt, hol dir lieber Hilfe.

4. **Mache einen Bestseller.** Veröffentliche es ebenso heiß, wie du es geschmiedet hast! An einem Tag, mit einem Trommelwirbel! Erzeuge einen Sog für dein Buch. Das geht besonders gut bei Amazon, indem du den Buchstart planst und viele Hundert Menschen an einem bestimmten Tag zum Kauf bewegst. Es funktioniert! Mache einen Screenshot vom Bestsellerstatus.

5. **Buch mit Verlag, Book-On-Demand, Selbstdrucken oder Amazon?** Informiere dich über deine perfekte Variante. Verlage haben alle Infos auf der Webseite und reichlich Vorlauf. Book-On-Demand Verlage sind eine tolle Mischform. Bei Amazon hast du alles selbst in der Hand, eine tolle und ausführliche Anleitung hilft dir beim Upload.

6. **Was schreibe ich?** Roman, Ratgeber, Sachbuch. Informiere dich vorher über Kategorien und Stichwörter. In welche Rubrik, unter welchen Autoren möchte ich sein? SEO funktioniert auch bei Büchern. Titelauswahl danach planen.

7. **Wie schreibe ich?** Der Rote Faden. Schreiben oder Sprechen? Du kannst dein Werk anhand von Kapiteln schreiben. Mir hilft es, erst die Inhaltsangabe zu schreiben, dann die Kapitel. Wenn du nicht gerne schreibst, sprich das Buch als Audiodatei auf und lasse es transkribieren.

8. **Selbst schreiben oder Ghostwriter?** Auch hier sind die Möglichkeiten groß. Frage in deiner Community nach einem Ghostwriter und mache das Werk rund. Erfolgreiche Experten nutzen diese Möglichkeit viel öfter, als du glaubst.

9. **Lektorat, ja oder nein?** Definitiv ein Ja wenn du anspruchsvollen Inhalt verbreiten möchtest.

10. **Nach dem Buchstart:** Rezensionen & Co. Nach dem Buch gehört genauso Arbeit dazu. Mache daraus einen geliebten Longseller, der gerne gekauft wird. Frag Buchhandlungen an, mache Lesungen, kümmere dich um positive (echte Rezensionen), hab immer Bücher auf Vorrat für Signierungen.

So und nun du: Begeistere die Welt mit deinen Vorträgen, Büchern und deinem Expertenstatus. Nie mehr Teelicht! Wenn du mehr wissen willst, melde dich bei mir und komm in meine Akademie.

Deine JyotiMa

JyotiMa Flak (Onlinebusiness-Mentorin) macht Menschen zu Leuchttürmen. In ihrer Akademie hilft sie Selbstständigen, mit ihrem Herzensbusiness online sichtbar und mega erfolgreich zu sein. Sei ein Leuchtturm, kein Teelicht!®

Sie ist mehrfache Bestseller-Autorin u.a. des Nr.1 Bestseller bei Amazon „Wenn du nur noch 5 Minuten hättest, was würdest du sagen?" www.jyotimaflak.com/5minuten mit Dr. Rüdiger Dahlke, uvm. (da ist Meike übrigens auch als Co-Autorin mit dabei)

https://www.jyotimaflak.com/

Cécile Jemmett:
„Top 7 Tipps für Listbuilding mit LinkedIn"

Sagen wir's gleich wie's ist: ich liebe LinkedIn! Of course :) Die Plattform hat für mich so vieles möglich gemacht, dass ich auch heute manchmal noch denke, dass ich träume. Die Déjà vus, die ich dank meiner Traumkunden immer wieder erleben darf, sind das Tüpfelchen auf dem i.

Ja, LinkedIn ist brilliant und ermöglicht es jeden Tag mehr Mitgliedern, sich einen stetigen Strom an Leads und schlussendlich Kunden zu generieren. Und dies komplett organisch, das heißt, ohne auch nur einen Cent in Werbung investieren zu müssen. How cool is that?!

Über eines sollte man sich aber keine Illusionen machen - LinkedIn sind unsere Traumschlösschen, die wir uns durch sie jahrelang aufbauen und pflegen konnten, herzlich egal. Egal wie stabil und unterstützend ein LinkedIn Netzwerk erscheinen mag, in Wahrheit ist es auf Sand, sprich LinkedIn's Goodwill, gebaut. Die Versicherung ist die goldene Liste! Möchtest auch du LinkedIn nutzen, um organisch deine Liste wachsen zu lassen?

Fragst du dich aber, wo du deinen Lead-Magneten am besten positionieren sollst, dann meine Tipps hier für dich:

1. **Profilslogan**
   Der Jobtitel wird auf LinkedIn 'Profilslogan' genannt. Hast du dort noch Platz übrig, dann erwähne dein Goodie direkt dort.

2. **Header**
   Dein Hintergrund-Bild ist ein präsenter Ort für die Erwähnung deines Lead Magneten und wird von jedem deiner Profilbesucher gesehen.

3. **Kontaktdetails**
   Unter dem Bereich "Webseite", wähle die Option "Sonstiges" aus und platziere dort deinen Link zu deiner sign-up page.

4. **Vorgestellt**
   Unterhalb deiner Profil-Info kannst du Beiträge, Feedback und Links speziell hervorheben. Erstelle dort einen Beitrag, spezifisch für deinen Lead-Magneten.

5. **Berufserfahrung**
   Oft übersehen: Du kannst mehrere "aktuelle Berufserfahrungen" auflisten - nutze eine ganze Sektion für deinen Lead-Magneten.

6. **Beiträge**
   Last but not least, biete dein Goodie über deine Beiträge an, und zwar regelmäßig.

7. **Achtung: Faux pas**
   Nicht empfehlen möchte ich dir auf der anderen Seite, deinen Lead-Magneten als Kommentare unter die Beiträge anderer zu setzen - that's bad etiquette, my dear...

Viel Erfolg beim organischen Listbuilding mit LinkedIn!

Cécile Jemmett

Cécile Jemmett ist Linkedin-Leads-Expertin und Business-Mentorin. Seit fünf Jahren beschäftigt sie sich intensiv mit dem Business-Netzwerk und hat schon rund 4.500 Unternehmern ihre einfachen Methoden zur Positionierung auf und mit LinkedIn vermittelt. Cécile Jemmett bietet ihr Wissen in ihrem Mastermind-Programm an und ist für ihre „LinkedIn-Challenges" netzwerkübergreifend bekannt.

Cécile ist halb Schweizerin, halb Südafrikanerin und lebt heute mit Ehemann und zwei kleinen Töchtern südlich von London. Ihr Herz schlägt für Coaches, Berater und Dienstleister, denen sie mit ihrer vielfach bewährten Strategie zeigt, wie Traumkunden sich ganz von selbst melden. Ihre Mission: das Ende nerviger Vernetzungsnachrichten und unangenehmer Kaltakquise.

https://www.cecilejemmett.com/

Sabine Votteler:
„ Tipps für deine Webseite"

Eine Sache steht bei Gründern und Selbstständigen ganz hoch im Kurs: Die eigene Website.

Das ist der „heilige Gral". Endlich online sicht- und findbar!

Die meisten denken ganz selbstverständlich, dass es mit der Erstellung einer Website getan ist. Und wenn die Website dann steht, kommt ganz häufig die Ernüchterung: Es gibt keine Besucher. Geschweige denn Anfragen oder gar Kunden.

Ich möchte an dieser Stelle nicht über Suchmaschinenoptimierung und -marketing sprechen, denn unser Thema ist ja das Listbuilding.

Was also hat die Website mit Listbuilding zu tun?

1. Deine Website bringt dir nur Leads bzw. E-Mail-Adressen für deine E-Mail-Liste, wenn du deinen Besuchern die Möglichkeit gibst, sich irgendwo einzutragen.

Fehler #1:

Bei vielen Websites gibt es kein Eintragungsformular. Die Website ist lediglich eine Art Schaufenster für den „Laden". Gut gemachte Schaufenster helfen für dein Branding, aber wenn du z.B. eine Sonderaktion machst, erwischst du nur die Besucher, die an diesem Tag zufällig am Laden vorbeilaufen (um beim Beispiel zu bleiben). Und wenn du nicht in einer guten Lauflage bist, dann werden selbst die, die dein Schaufenster klasse finden, dich vergessen haben, wenn sie tatsächlich mal was brauchen, das du verkaufst. Und zur Konkurrenz gehen.

Fehler #2:

Das Newsletter-Abonnement. Ich sehe immer noch so häufig ein total stiefmütterlich behandeltes Newsletter-Formular, ganz unten, im Footer der Website zum Beispiel. Ganz ehrlich: Trägst du dich da ein? Diese Zeiten sind aus meiner Sicht vorbei. Wir bekommen einfach alle so viele E-Mails und Newsletter, dass wir keinen einzigen zusätzlichen haben wollen. Du solltest dir mehr Mühe geben und überlegen, was du deinen Kunden statt banalem Newsletter im Tausch gegen ihre E-Mail-Adresse bietest.

Damit sind wir beim Freebie bzw. Leadmagneten. Das kann übrigens auch der Newsletter sein. Doch „Newsletter" genannt, assoziiere zumindest ich damit direkt „Spam". Ich hoffe, dein Newsletter enthält kein Spam und dann solltest du ihn auch anders nennen.

Freebies werden üblicherweise über Landingpages angeboten, aber natürlich darfst und solltest du diese auch auf deiner Website nutzen. Anstatt des „Spam-Letters". ☺

2. Deine Website muss in deine Gesamtstrategie integriert sein. Dann klappt's auch besser mit dem Listbuilding.

Fehler #1:

Die Website wird häufig als Standalone-Lösung gesehen und kann ihr Potenzial gar nicht ausschöpfen.

Welche Rolle spielt deine Website?

Ist sie dein Aushängeschild, dein Schaufenster, wo du deine Angebote zeigen möchtest, oder soll sie deine Brand aufbauen? Soll sie deiner Positionierung dienen oder deinen Bekanntheitsgrad erhöhen? Soll sie Interessenten gewinnen oder in Kunden umwandeln, also verkaufen?

Wie zahlt sie auf andere Maßnahmen ein? Und umgekehrt?

An dieser Stelle passt wie so oft mein Standardspruch: **Business ist ein System.** Ein Bereich beeinflusst den anderen, und wenn es laufen soll, müssen alle Elemente zusammenspielen.

Gleich welche vorrangigen Ziele du mit deiner Website verfolgst, solltest du sie auf jeden Fall nutzen, um **Vertrauen aufzubauen.**

Eine hervorragende Möglichkeit hast du dazu auf der Über uns-/Über mich-Seite, eine der am häufigsten besuchten Seiten jeder Website. Und: Mit nutzenstiftenden Inhalten, z.B. in Form eines Blogs.

Unbekannte direkt zum Kaufen zu animieren, funktioniert im anonymen Internet nur schwer. Die Menschen müssen vorher Vertrauen zu dir aufbauen. Um nach und nach Vertrauen aufzubauen, bauen wir Funnels. Fang auf deiner Website damit an, damit auch sie zu deinem Listbuilding beiträgt.

Fehler #2:

Die Kundenreise wird nicht berücksichtigt.

Frage dich, von wo, also von welchen Kanälen deine Besucher auf die Website kommen.

Mit welcher Absicht kommen sie und wie bedienst du diese Absicht auf deiner Website? Wie wirst du ihren Fragen gerecht? Wo stehen sie gerade, was interessiert sie infolgedessen und was kannst du ihnen Nützliches bieten, damit sie dir im Tausch dagegen ihre E-Mail-Adresse geben? Und welche Maßnahmen (E-Mails) folgen dann? Was macht Sinn?

Je nachdem, wo die Interessenten auf ihrer Reise mit dir stehen, haben sie unterschiedliche Bedürfnisse, die du mit unterschiedlichen Maßnahmen abdecken solltest.

Zum Schluss drei Fragen, um dein Listbuilding voranzutreiben:

- Hast du ein attraktives Freebie auf deiner Website, für das sich Interessenten in deine Liste eintragen können?

- Wie kannst du die verschiedenen Stationen der Kundenreise abdecken und dabei immer wieder deine Funnels nutzen – die

Besucher in deine Funnels hineinleiten und von deinen Funnels auf die Website schicken?

- Bedienst du mit deinen Mails ebenfalls die unterschiedlichen Stationen deiner Liste? Oder bekommen alle das gleiche von dir zugeschickt?

Sabine Votteler

Sabine Votteler ist Expertin für „smarte Businessmodelle". Sie berät Führungskräfte, ManagerInnen und ExpertInnen auf dem Weg zum eigenen Business und Selbstständige bei der Transformation zu smarten Geschäftsmodellen. Sie kombiniert fundierte Praxis-Erfahrung aus über 20 Jahren Marketing und Unternehmensführung sowie dem Aufbau mehrerer Unternehmen mit ihrem umfangreichen digitalen Know-how.

Sabine Votteler arbeitet überwiegend mit Menschen, die eine große fachliche Expertise und darüber hinaus viel persönliche Erfahrung mitbringen. Das vorhandene Potenzial verpackt sie neu – in die Form eines einträglichen Business'.

https://sabinevotteler.com

Christine Schlonski:
„ Listbuilding mit Online Kongressen"

Wie du viel Einfluss in kurzer Zeit gewinnst, während du mit Leichtigkeit Kunden anziehst und deinen Umsatz steigerst.

Ob Business Kick-Off oder Umsatz-Spritze, für mehr Sichtbarkeit empfehle ich deinen eigenen Onlinekongress.

Als ich mein Business gestartet habe, habe ich lange überlegt, welchen Weg ich gehen kann, um schnell Einfluss und Bekanntheit am Markt zu gewinnen.

Mir war klar, dass ich mit einer Handvoll Menschen auf meiner E-Mail Liste keinen Blumentopf gewinnen kann.

Ich wollte mit meinem neuen Business einen richtigen Kick-Off und nicht nur so ein- bisschen- hier und ein- bisschen- da Ergebnisse.

Vielleicht durftest du auch schon spüren, dass es sehr zäh sein kann, die richtigen Menschen, Soulmate Kunden, wie ich sie nenne, auf dich aufmerksam zu machen und auf deine E-Mail-Liste- in deinen Tribe zu bekommen.

Wichtig ist hier, dass du nicht nur viele Menschen auf deiner Liste haben möchtest, sondern auch die, die potentielle Käufer sind.

Daher mein Tipp für dich.

Gib dir drei bis vier Monate Zeit, um deinen eigenen Online Kongress zu kreieren. Beginne mit deiner Vision und lege dein Ziel klar fest.

Was willst du mit deinem Online Kongress erreichen? Wen möchtest du anziehen und in deine Welt einladen? Welchen Nutzen haben die Menschen, wenn sie an deinem Kongress teilnehmen? Was ist ihr großer Schmerz, den du mit deinem Kongress lösen kannst und was brauchen die Menschen nach dem Kongress?

Also was kannst du nach dem Kongress verkaufen, um einige der TeilnehmerInnen weiter zu begleiten.

Für die Organisation meines ersten Online Kongresses habe ich mir eine Mentorin genommen. Im Nachhinein kann ich sagen, dass unsere Zusammenarbeit gut war. Ich habe mir ihr Wissen für mehrere tausend Dollar eingekauft und profitiere noch heute davon.

Allerdings hat es mich damals schon genervt, dass sie mir immer wieder sagte: „Du musst dich entscheiden. Willst du deine Liste aufbauen oder Umsatz generieren?"

Warum konnte ich nicht beides haben? Die Liste aufbauen und mit vielen Menschen zusammenarbeiten?

Nach zehn eigenen Online Kongressen weiß ich heute, dass ich sehr wohl beides haben kann.

Mit jedem Kongress konnte ich mehrere tausend Menschen in meinem Tribe begrüßen und gleichzeitig 5-stellige Umsätze generieren.

Ich habe einen Weg gefunden, wie ich beides haben kann und das kannst du auch, besonders wenn du weißt, wie du am besten und mit Herz verkaufst.

Hier sind meine Schritte zu Listbuilding UND Umsatz.

1.) Entscheide dich für ein klares Kongressthema (nicht wischi-waschi). Genau wie Meike es gemacht hat mit Listbuilding. Ein Schmerz und eine klare Lösung.

2.) Gib deinem Thema Struktur und achte darauf, wie deine Experten zu deinem Thema passen und ob sie auch dem gleichen Typ Kunden dienen. In meinem ersten Kongress z.B. habe ich einen wundervollen Freund von mir interviewt. Er hatte schon eine sehr große Liste, passte vom Thema und es war leicht ihn als Sprecher zu gewinnen. Mein Learning? Ich habe zwar einige hundert Menschen von seiner Liste gewinnen können, doch war es überhaupt nicht meine Zielgruppe. Das heißt, diese Menschen werden nie etwas von mir kaufen.

3.) Recherchiere Sprecher, die Experten sind und Einfluss in ihrem Markt haben. Du brauchst Menschen, die dann deinen Kongress auch bewerben können und die dir dabei helfen, deine Liste zum Wachsen zu bringen und die deine potentiellen Kunden als Kunden haben.

4.) Denke nicht nur an dich und dein Listbuilding, wenn du einen Online Kongress organisieren willst. Gerade wenn du mit dem Listbuilding anfängst, ist es oft so, dass du Experten als potentielle Sprecher für deinen online Kongress anfragen wirst, die schon eine größere Liste haben als du. Frage dich also, was du diesen Menschen bieten kannst, damit sie gerne bei dir Sprecher sein wollen und deinen Kongress auch aus vollem Herzen bewerben. Dazu brauchst du deine Vision, die größer sein sollte als „Ich will meine Liste wachsen lassen.‟

Teile deine große Vision mit deinen Sprechern. Begeistere sie für das gemeinsame Projekt und stelle sicher, dass du deine Experten ebenfalls bewirbst.

5.) In den Interviews ist es sehr wichtig, dass du dem Sprecher das Gefühl gibst, die wichtigste Person in deinem Leben zu sein. Ok, ich übertreibe gerade ein bisschen. Stelle sicher, dass dein Sprecher sich sehr gut aufgehoben fühlt in eurem Interview. Das erreichst du, wenn du strukturiert bist eine gute Verbindung zu deinem Sprecher aufbaust und die Arbeit und das Werk des Experten schätzt und es auch im Interview zum Ausdruck bringst.

6.) Sorge für eine gute Produktion deiner Online Kongresse. Stelle sicher, dass dein Video, deine Beleuchtung vor der Kamera, dein Audio spitzenmäßig sind. Das muss nicht teuer sein, aber du musst darauf achten. Gib am besten auch deinen Sprechern einen Leitfaden für ihr eigenes Setup. Zum Beispiel kannst du sie bitten, dass sie sicherstellen, ein gutes Mikrofon, eine gute Beleuchtung und einen freundlichen Hintergrund im Interview zu haben. Damit trägst du dazu bei, dass die Menschen, die deinen Online Kongress anschauen, ein gutes Gefühl haben.

7.) Zu guter Letzt: Versuche in deinen Interviews so natürlich wie möglich rüberzukommen, auch wenn du am Anfang eventuell nervös bist. Verstelle dich nicht in deinen Interviews und wenn du kannst, beziehe dein Publikum mit ein. Zum Beispiel indem du sie aufforderst, sich Notizen zu machen und sich zu überlegen, wie sie das Gelernte umzusetzen.

Ich wünsche dir ganz viel Spaß und Erfolg mit deinem Online Kongress und hoffe, dass auch du damit dein Listbuilding erfolgreich betreibst.

Noch ein kleiner Tipp: Die liebe Meike hat dafür einen Kurs, der dich Schritt für Schritt durch den Prozess begleitet.

Alles Liebe, Christine

Christine Schlonski, internationale Unternehmerin, Gründerin der Heart Sells! Academy und Host des Heart Sells! Podcasts zeigt dir die Freude und Freiheit authentisch zu verkaufen. Sie ist Expertin für Vertriebs-Mindset und Strategie.

Mit Ihrem Motto Herz Verkauft! unterstützt sie Online Business Inhaber - Coaches, Berater, Trainer, Experten, Autoren, die lieben, was sie tun aber denen das Verkaufen schwerfällt.

Christine hilft dir, deine Einstellung zum Verkaufen völlig neu zu definieren, damit du dein Business-Potential voll ausschöpfst. In ihr einzigartiges Heart Sells! Mentoring bringt sie über 12 Jahren Erfahrung im Cold Calling mit, mit über 80.000 Anrufen und mehreren Millionen an generierten Euros Umsatz.

https://christineschlonski.com/

Monica Deters:
„ Listbuilding durch Speaking"

Die unterschätzte Idee

Wenn wir davon sprechen, ein starkes Online-Business aufzubauen, welches bestenfalls lukrativen Passiv-Umsatz bringt, gibt es meines Erachtens ein völlig unterschätztes Thema, welches noch nicht so stark bedient wird, aber ein enormes Erfolgspotenzial hat. Es geht um die Verbindung zwischen LIVE-Speaking und dem Aufbau eines reichweitenstarkes Online-Marketing. Diese beiden Selbstvermarktungsvarianten kannst du sehr geschickt so eng miteinander verzahnen, dass du damit einen enormen Doppel-Effekt gewinnst.

Wie funktioniert das?

Der große Vorteil vom Live-Speaking ist, dass du viel mehr Zeit auf der Bühne hast, deine Lösungen in die Welt zu geben und entsprechend vorzustellen. Du machst natürlich niemals einen Verkaufs-Pitch auf der Bühne und bietest dem Publikum auch selbstverständlich keine Produkte an, sondern erzeugst durch deine vorgetragenen Lösungen so eine große Sogwirkung, dass die Menschen große Lust haben, mehr zu wollen. Und zufällig hast du noch mehr... nämlich als Online-Variante, die sich das Publikum herunterladen kann. Das setzt aber voraus, dass es so verheißungsvoll ist, dass sie das auch wirklich machen möchten. Das setzt natürlich voraus, du kannst auch wirklich einen sehr guten Vortrag halten, der die Menschen auch wirklich begeistern. Und ich sage dir: das ist nicht so einfach.

Wie hältst du einen mitreißenden Vortrag?

Viele sagen: ich habe schon oft einen Vortrag gehalten. Oder auch: ich habe schon so viele Trainings gehalten, das kann ich. Und jetzt komme ich: Ja, ich glaube das. Aber Impuls-Vorträge sind definitiv etwas anderes, als Fachvorträge oder Trainings zu halten. Impuls-Vorträge schaffen es, dass die Menschen wirklich BEGEISTERT sind. Und das ist eine echte Kunst!

Wie geht das nun? Wie hältst du einen überzeugenden Vortrag mit Nachhaltigkeit, in dem du die Menschen auch im Herzen bewegen kannst? Und wie kannst du dein Online-Marketing darin so geschickt verknüpfen, dass du langfristig mit den Menschen in Verbindung bleiben kannst? Grundsätzlich gilt: Es gibt so viele Möglichkeiten einen guten Vortrag zu halten, wie es Menschen auf dieser Welt gibt. Über die vielen Jahre auf der Bühne habe ich eine sehr einfache Methode entwickelt, wie du immer einen schönen Vortrag halten kannst, der IMMER funktioniert. Ich stelle dir gern diese Methode hier vor, in dem das Online-Marketing indirekt eingebunden ist. Wie es jedoch immer funktioniert: „Die Stage-Methode©".

1. Erzähle deine <u>wahre</u> Signature-Geschichte, die dein Leben verändert hat (<u>Wendepunkt</u>)! Oder eine Heldenstory, die das Leben deiner Klienten verändert hat! (Deine Story darf aber bitte nur 20% des gesamten Vortrags bespielen! Bitte nicht mehr!)

2. Was hat das Publikum davon? Ziehe deine persönlichen <u>Erkennt</u>nisse (Statements) daraus und präsentiere d/eine <u>LÖSUNG</u>!

3. Untermauere deine Erkenntnisse mit ZDF – <u>Zahlen, Daten, Fakten</u> (z.B. eine Studie)

4. Finde deinen <u>Mutterwitz</u>, sei <u>authentisch</u> und <u>interagiere</u> mit dem Publikum!

5. Mach deinem Publikum ein <u>Geschenk</u> (Start in deinen Online-Funnel) und beende deinen Vortrag mit einer glasklaren <u>Botschaft</u>!

Was kannst du als Präsent anbieten?

Der Punkt Nummer 5 mit dem Präsent ist für dich jetzt besonders wertvoll. Was kannst du in deinem Vortrag noch als Mehrwert anbieten? Hier gibt es einige Beispiele:

- Wirklich gute Checklisten

- Die Präsentation an sich

- Die 5 besten Tipps, wie du...

- Eine kostenfreie Meditation

- Dein Freebie, wenn es etwas mit dem Vortrag zu tun hat

Solange es einen Nutzen für das Thema deines Vortrags hat, wird es ein gutes Präsent sein, denn die Menschen interessieren sich nur für Lösungen ihres Problems. Bitte erwähne auch niemals: „Trage dich hier in meine Liste ein" oder „Komm auf meine Website und gib mir deine Mail-Adresse". Stelle immer deine Tipps in den Vordergrund und niemals die Technik, dann geben die Menschen gern ihre Daten. Und ab dann kannst du sie sehr sanft mit weiteren Mails weiter begleiten. „Wie schön, dass du in meinem Vortrag warst. Ich habe hier noch einen weiteren Tipp für dich, der dein Thema löst. Und so kannst du nach und nach (bitte unaufdringlich) weiterhin mit einer großen Reichweite aufbauen. Und wir wissen ja, Reichweite ist die neue Währung.

Hast du auch tief in dir das Gefühl, dass du gute Vorträge halten kannst oder willst? Dann mache gerne das kostenfreie Online-Training. Mit diesem Link kannst du sofort starten: https://feminess.de/online-training-stage-methode/

Und hier noch ein Extra-Tipp für dich: Stelle deine Speech auf YouTube, deine Website und Social Media und verlinke auch hier dein Präsent.

Viel Erfolg beim Speaking

Deine Monica

Monica Deters widmet ihr Leben Menschen, deren Träume geplatzt sind und dennoch wieder durchstarten wollen. Sie will, dass so viele Menschen wie möglich, ihr Leben (wieder) schön machen! Ihr Ziel ist es, dass sich Menschen so viele Träume wie nur möglich erfüllen, um ein sinnvolleres und erfüllteres Leben zu leben. Das ist ihre Lebensvision!

Monica ist seit vielen Jahren erfolgreiche Motivationsrednerin, Unternehmerin und Bestseller-Autorin. Sie hat sehr nützliche Methoden im Bereich Persönlichkeitsentwicklung und Business-Strategien entwickelt. Sie verfügt über eine mehr als 20-jährige Berufserfahrung bei verschiedenen Global Playern (Vorstandsassistentin) und ist jetzt selbst seit 2018 Chief Operation Officer (COO) bei Feminess®, eine der größten Weiterbildungs-Communitys und -Plattformen der neuen Zeit für Frauen in Europa.

https://monicadeters.com/

JUST DO IT!

Wenn du dir das Buch gut durchgelesen hast, dann hast du nun ein großes Bild im Kopf! Jetzt ist es an dir, die vielen Tipps auch tatsächlich umzusetzen. Schluss mit blindem Hendl-Aktionismus à la Rita, Andreas und Susanne. Das machst du nun nicht mehr:

- Social Media Posts ohne klare Handlungs-Aufforderung
- Facebook Ads ohne dahinterliegende Funnel
- Adressen-Sammeln ohne Erlaubnis

Du weißt jetzt, du musst dich nicht auf Social Media nackig ausziehen!

Doch von nichts kommt leider nichts. Reich über Nacht ist ein Traum, der ein solcher bleibt.

Wenn du einen echten Experten konsultieren willst, dann erwartest du dir keinen Schaumschläger, sondern jemanden, der sich lang und breit mit seiner Expertise beschäftigt hat und auch ein bisschen dafür kämpfen musste, um zu werden, wer er jetzt ist. Das dürfen deine Kund:innen auch von dir erwarten!

Es braucht Zeit und Arbeit, um sich offensichtlich aus der Masse abzuheben. Und es ist den Aufwand wert!

Ich wünsche dir einen bombastischen Erfolg mit deinem Listen-Aufbau und freue mich natürlich sehr, wenn du auch Teil meiner Liste wirst. Zum Beispiel hier: https://www.meikehohenwarter.com/webinar-schneller-weg

Erinnerung: Deine Bonus-Ressourcen online

Hole dir jetzt alle Expertinnen-Interviews auf Video, alle Links zum Klicken, meine Tool-Tipps, meine Buch-Tipps und noch so viel mehr!

Einfach QR Code scannen und kostenlos bestellen, oder hier den Link klicken: https://www.meikehohenwarter.com/bonus-listbuilding-buch-bestellung

Hyperlinks, die hier erwähnt wurden

Mein Partner-Programm:
https://www.meikehohenwarter.com/kurse/partnerprogramm/

Meine Hard- und Software-Tipps:
https://www.meikehohenwarter.com/hard-software-tipps-anmeldung

Mein Buch "Es ist dein Leben - vergeude es nicht!": https://amzn.to/3gQBBLv

Klicktipp: https://www.meikehohenwarter.com/klicktipp

Active Campaign: https://www.meikehohenwarter.com/ac

MyEcoverMaker: https://www.myecovermaker.com/

CoSchedule: https://coschedule.com

Mein Online Kurs "Content Marketing Made Simple":
https://www.meikehohenwarter.com/lp-content-marketing

Wordpress Beaver Builder: https://www.meikehohenwarter.com/beaver

Facebook Debugger:
https://developers.facebook.com/tools/debug/?locale=de_DE

Meine 5. Freebie-Parade:
https://www.lifehackademy.com/geschenke-parade-0621/

Meine Life Hackademy Blog-Parade vom März 2021:
https://www.lifehackademy.com/blog-parade-0321/

Mein Online Kurs "Online Kongress Success:
https://www.meikehohenwarter.com/oks

Bücher, die hier erwähnt wurden

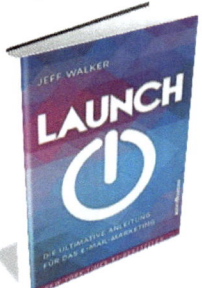 

 Übrigens: Alle im Buch erwähnten Hyperlinks findest du hier bei den Ressourcen zum direkt Anklicken:
https://www.meikehohenwarter.com/bonus-listbuilding-buch-bestellung

Über Meike Hohenwarter

Mit weit über 100 erfolgreich vermarkteten Online Kursen, einem Following von über 60.000 Teilnehmer:innen und einer Durchschnittsbewertung von über 4,5 von 5 Sternen für ihre Online Kurse nennt man Meike Hohenwarter mittlerweile die "Online Kurs Queen".

Schon fast ein Jahrzehnt begleitet sie Coaches, Trainerinnen und Speaker dabei, ihr Wissen durch Online Kurse zu Geld zu machen.

Meike Hohenwarter verfügt nicht nur über ein immenses marketing-strategisches und technisches Online Business Wissen, sondern beschäftigt sich auch schon seit ihren Teenager-Jahren mit gehirn-gerechten Lern-Methoden und Visual Thinking. So kann sie ihre Kund:innen optimal dabei begleiten, wertvolle und spannende Online Kurse und Abos zu entwickeln und zu launchen.

https://www.meikehohenwarter.com/

EINLADUNG:
Teste jetzt den Listbuilding Club 2 Wochen lang kostenlos!

Vom KENNEN zum MÖGEN zum VERTRAUEN

♥ Erfahre, wie du ein magnetisches Freebie erstellst, das täglich neue Interessent:innen in deine Liste bringt.

♥ Schreibe deinen neuen Kontakten eMails, die sie von deiner Expertise überzeugen und sie restlos begeistern.

♥ Mache deine neuen Fans nun zu begeisterten Käufer:innen deiner Produkte, die dich außerdem auch gerne weiterempfehlen.

Das alles und noch viel mehr findest du im neuen Abo, dem Listbuilding Club!

Starte jetzt dein professionelles Online Kurs Business und teste den Listbuilding Club 2 Wochen lang komplett kostenlos.

Scanne den QR-Code und melde dich heute noch an! Alternativ hier auch der Link: **https://www.meikehohenwarter.com/lbc-aktion**